# 你可以不爽
## 但别为一句话耿耿于怀

[日] 五百田达成 著

佟凡 译

九州出版社

负责的项目遇到难题时,朋友对我说:

"我不是早就告诉你了嘛!"

("嗯……")

明明每件事都很努力地去完成,

却听到主管跟同事议论自己:

"他再努力也就那样。"

("呃……")

同组组员工作犯错,帮忙处理后,对方说:

"你知道我不是故意的,不会再有下次了。"

("还有下次?")

这些话字面上看起来都没什么问题，

但是为什么听完后心情会很不爽，

让人忍不住想发脾气呢？

难道是我太敏感、太小气了？

因为别人一句漫不经心的话而感到不爽。

因为别人一句无心之言而深受伤害。

这不是你的问题。

也曾告诉自己不要放在心上，但越这样暗示自己心里越介意。

也曾想说些什么来反驳对方，但话到嘴边却说不出口。

就这样,那些别人随口说出的话堵在你的心口,

让你怎么都放不下,慢慢成了心结。

对方看到你这样苦恼,只是辩解道:

"我没有恶意啦——"

("我明白,可是……")

"是你想太多!"

("啊?怪我吗?")

"你真是敏感。"

("敏感是我的错吗?")

唉，人际关系真让人心累。

我不想被别人欠考虑的话所摆布。
我不想伤心。
我不想和别人发生矛盾。
我只想情绪稳定地生活。

对此，大家有没有什么好办法呢？

## 序言

# 这样听，再也不会为别人一句话耿耿于怀

这本书写给敏感的人，希望他们不再因为钝感的人一句无心之言而深受影响。

要做到这一点，重点在于**理解对方的无心之言，与对方共情**。

他们需要做的只是，稍微改变一下自己感受和思考问题的角度，比如：

- 听到无心之言时，不要放在心上难为自己，一听而过就好。
- 不要暗自神伤，要自尊自信，坚定地说出自己的真实想法。
- 不要被自己不擅长应对的人摆布，可以巧妙地与他们保持距离。

**敏感的人不需要改变自己独特的、容易在意细节的性格，也没有必要与钝感的人为敌**。只需要掌握简单的窍门，人际关系就会顺利得令人难以置信，这本书里就总结了这样的窍门。

大家好！我是作家、心理咨询师五百田达成。我曾经做过编辑、广告策划和咨询师，在人际关系方面遇到过不少问题，也积累了不少经验，而这些正是这本讲述说话方式和人际关系的书的缘起。

我自己是个性格敏感的人，从小就很在意别人随口说的话，生活中总会为"他为什么要说那样的话？""我是不是说了什么让他不舒服的话？"之类的问题而烦恼。

就这样，我一直在为如何与人交往和交流而发愁，最终把这件事情变成了我的工作。

## 敏感的人和钝感的人的区别

让我们来看一看本书所说的敏感的人具备哪些特点。

- 会在意对方随口说出的话。
- 会思考别人为什么会说出那样的话。
- 会因为体贴而忍耐，认为对方或许没有恶意。
- 会反省自己是不是想太多。

你有没有上面提到的这些特点呢？而钝感的人指的是具备以下特点的人。

- 神经大条，说话欠考虑。
- 注意不到自己伤了对方的心。
- 会大言不惭地说"我不是那个意思"。
- 不长记性，总说是想太多的人的不对。

你有没有想到身边的哪些人有这样的特点呢？

但麻烦的是，并非所有钝感的人都是天生的坏人；反过来，敏感的人也不全是心地善良的好人。那么这两种人的区别是什么呢？

直截了当地说，他们的区别在于各自"审视他人的镜头分辨率"不同。

钝感的人理解别人的热情低，他们坚信眼前的人和自己价值观相同。他们不想去了解每个人不同的价值观，相反，只有大家的价值观都一样，他们才会感到舒心。

如果打比方，那就是他们审视他人的镜头分辨率低。

所以他们会用强硬的态度说话，不会察言观色，也不会配合身边的人。

而敏感的人理解别人的热情高。**他们很清楚，不同人的价值观各不相同，会理解和尊重对方的思维方式。他们对多样性很包容，能敏锐地注意到对方与自己细微的不同。**

也就是说，他们审视他人的镜头分辨率高。

当然，敏感的人交流时也很有礼貌，会想到有些事情尽管自己不讨厌，但是对方可能会讨厌。

总之，**钝感的人与他人之间的边界模糊，所以说话常常欠考虑；敏感的人既尊重他人也尊重自己，所以容易被他人欠考虑的话影响。**

## 只要改变思维方式，就能改变关系

为了避免受到钝感的人一句无心之言的影响，敏感的人要改变自己对话语的理解方式。

不需要一下子做出180度的转变，只需稍稍转换一下思考问题的角度，就能收到以下三重功效：

- 保持自己内心的平静。为自己打造一个安全堡垒，避免别人的入侵。(这一点非常重要)。
- 自然而然地改变自己对他人的态度和沟通方式。就算不说话，也能散发出沉稳、自信的气质。
- 改变与钝感的人之间的关系。对方会对你产生敬意，与你保持适当的距离。

本书将为大家介绍40种钝感的人在工作和生活中容易说出口，也就是敏感的人容易受其影响的话语。在每个场景中，我还会告诉大家以下几方面的信息：

- 当钝感的人说出欠考虑的话时，他们在想什么？
- 敏感的人要如何理解那些话语，才能不受影响？
- 敏感的人在各个场景中应该采取什么样的态度和行动？

本书是一个能让纠结的人际关系变得轻松、能改变敏感的人的思维方式的指南。让我们现在开始吧！

你可以不爽,但别为一句话耿耿于怀

目录

序言　这样听，再也不会为别人一句话耿耿于怀　／　VI

## 第 1 章　对方下意识逃避责任

1　我不是说过了吗？　／　2
2　我觉得没问题，可是……　／　6
3　我道歉总可以了吧　／　10
4　目前看来有时间　／　14

## 第 2 章　对方爱用情绪绑架你

5　我是为了你好　／　20
6　总之就是……　／　24
7　希望你能理解　／　28
8　抱歉，我比较内向……　／　32
9　不要生气嘛　／　36

## 第 3 章

### 对方爱跟你秀优越感

- 10 这不算什么啦 / 42
- 11 你不明白 / 46
- 12 你这样说有什么依据? / 50
- 13 原来你是这种类型的人 / 54
- 14 你也有责任吧? / 58
- 15 我这个人…… / 62

## 第 4 章

### 对方说话惜字如金

- 16 没问题 / 68
- 17 当然啊 / 72
- 18 真麻烦 / 76

## 第 5 章
### 对方拐弯抹角地嘲讽你

**19** 你明白我的意思吗? / 82

**20** 我之前就说过 / 86

**21** 你觉得这是为什么? / 90

## 第 6 章
### 对方说话阴阳怪气

**22** 真没教养 / 96

**23** ××就好 / 100

**24** 你化个妆会漂亮一些 / 104

**25** 你连这种事情都不知道吗? / 108

**26** 比起那种事情 / 112

## 第 **7** 章 对方不注意语言暴力

- **27** 叫你做就去做 / 118
- **28** 那家伙能力不行 / 122
- **29** 你是××，至少应该…… / 126
- **30** 啧（啧嘴） / 130
- **31** 没用 / 134
- **32** 最近××的身材走样了 / 138

## 第 **8** 章 对方虽没恶意，但神经大条

- **33** 不 / 144
- **34** 会有人做这样的事吗？ / 148
- **35** 我懂我懂 / 152

XV

**36** 要不要再叫些朋友过来？ / 156

**37** 你好认真啊 / 160

## 第 9 章 对方说话虚情假意

**38** 你命真好啊 / 166

**39** 啊，不用了，我来就好 / 170

**40** 你真可爱 / 174

结语 "I（我）"才是一切 / 178

# 第 1 章

## 对方
## 下意识逃避责任

# 1

## 我不是说过了吗?

欠考虑的话

你可以不爽,但别为一句话耿耿于怀

这句话也让人郁闷……

> 我就知道能行!

> 我本来就反对!

> 应该再××一点的。

**要这样想!**

> 嗯?你这样是不是有点不负责任?请不要事后诸葛亮!

第 1 章 对方下意识逃避责任

工作时，你在A方案和B方案之间犹豫，最后用了A方案，结果效果不太好，同事说："我不是说过B方案比较好吗？"

你下定决心想要考个证，但过程比想象中更难，你觉得很气馁，结果家里人说："我不是说过让你再仔细想想吗？"

听到这样的话，你感觉如何？你本来就心情低落，结果别人还雪上加霜，说什么"谁叫你不听别人的意见""你究竟想怎么做"之类的话，你是不是更伤心了？

如果你是一个敏感的人，可能会不自觉地顺着对方的话道歉或反省："你明明告诉过我了，是我没有听……"

尽管如此，你心里依然会感到不爽，觉得："咦？我为什么要道歉？我又没给他添麻烦！"

本来就是！如果对方给出的是积极的意见（比如"这次很遗憾，下次或许可以尝试别的方法"）的话还好，可是对事到如今已无法改变的事情放马后炮就太不负责任了。我们可以从此类话中看到"我给过你建议，所以不是我的责任，我没有错"的逃避情绪，也能感受到对方莫名其妙的优越感，好像在说"哼哼，我早就预见到你会失败"，所以才没办法坦率地接受批评和意见。如果深究下去，他们到底有没有说过"我不是说过了吗"这句话都值得怀疑。（笑）

因此，对这种下意识划清界限以求自保、等事情结束后再过来指手画脚的人，大家只需要笑着敷衍过去就好。既然事到如今做什么都无济于事，那么重要的就是如何努力做好眼前的事情。

要是你依然无法释怀，可以在心里反驳对方："请不要事后诸葛亮！""既然要说，那你就好好说清楚啊！""我自己会反省的，别管我！"发泄完情绪后，心情就会变得轻松！

**对那些事后诸葛亮，笑着敷衍过去就好。**

# 2 我觉得没问题，可是……

欠考虑的话

这句话也让人郁闷……

好是好啦，但是……

不知道大家怎么说？

我OK啦，但在别人那里这样做会被骂的哦！

**要这样想！**

你其实想说"不行"吧？请直说好了！

第 1 章 对方下意识逃避责任

你把写好的策划书交给科长,结果得到了对方含糊的回答。

"我觉得没问题,可是……"后面还跟着一句"不知道大家会怎么说"。

这种反应真让人不爽!

什么叫"可是"?既然没问题,就说"没问题"啊,为什么这么不干脆?

**其实说出这种话的人并不真正认为策划没问题,他们内心认为它马马虎虎,甚至不赞成它,但是不想直说……**

他们为什么不想直说呢?因为他们不想当"坏人",因为一一指出不行的地方太麻烦。

"不是我说不行的",他们摆出一副和你站在一边的样子,用一句"不知道大家会怎么说"来推脱责任。**因为对方想逃避责任的态度显而易见,所以我们会感到不爽。**

如果对方能直截了当地说"我觉得不对",并且说出自己的意见,就算一开始可能会被讨厌,但大多数人最后还是会选择倾听,然后坦率地说出"对不起,我会改""请问哪里不行"这样的话的。

所以,对逃避责任的人,我们要积极地帮他做决定:"科长觉得可以对吧,太好了。那我就继续推进项目了!"

这样一来，对方就会迫不及待地说出自己的意见，告诉我们他觉得哪些地方不太好，我们也可以继续跟他讨论接下来该怎么做。

这样做或许需要大家拿出一些勇气，不过这样的回答表面上看并不会失礼，所以请大家试一试吧！

**对想要逃避责任的人，要引出他的真心话。**

## 3 我道歉总可以了吧

欠考虑的话

这句话也让人郁闷……

如果让你误会了，那我道歉。

我也有我的难处……

你可能觉得我在找借口……

**要这样想！** ⬇

那个……这不是道歉吧？
你知道什么叫情绪吗？

第 1 章 对方下意识逃避责任

当你对恋人迟到表达不满时，对方一脸不耐烦地说："我道歉总可以了吧。"

同事在工作文件上犯了错，却还一脸不情愿地说："我会为这个错误道歉的。"

这两种情况都会让人不爽。

**对方这是什么意思？为什么自己错了还做出一副高高在上的样子？为什么我完全感受不到他道歉的诚意？** 如果你表现出反省的态度，觉得自己可能也有不对之处，对方还会得寸进尺地说："我们都有不对的地方啊。"这样一来，你的愤怒值会飙升到顶点。

明明错的（迟到、犯错）是对方，不过这一点暂且不提，毕竟人都会犯错，问题在于道歉的方式。

**"我会为……道歉的"，这句话充分显示了一个人不想承认自己的错误、想逃避责任的态度。** 这种道歉方式不干脆，很狡猾，完全无法让人产生原谅他的想法。

道歉大致可以分为两种，一种是事实层面的道歉，一种是情绪层面的道歉。

事实层面的道歉需要我们冷静地分析发生了什么事情，哪里出现了问题，自己在什么地方存在过失。

情绪层面的道歉需要我们感受到对方的情绪，明白是自己让对方产生负面情绪了，并体谅对方的辛苦，例如跟对方说："对不起，让你不舒服了，你现在一定很难过吧。"

前者在商务和诉讼场景中很有效，但在大多数情况下，人们只有在情绪层面感受到对方的歉意后才会原谅对方。

所以当面对想要维护自己、说出"我会为……道歉的"这样的人时，可以试着对对方多半没有想到的"你的情绪"进行追问，比如："你知道我当时是什么样的心情吗？""你知道我当时有多担心吗？"

在你的追问下，对方或许能够恍然大悟，意识到事情的严重性。就算对方没有意识到这一点，至少你说出了自己想说的话，心里会舒服一些。

**对缺乏诚意的道歉，要表达自己的情绪。**

# 4 目前看来有时间

欠考虑的话

14　你可以不爽，但别为一句话耿耿于怀

这句话也让人郁闷……

如果能去的话我会去的。

没什么特别的安排，不过……

你们先开始吧。

要这样想！

↓

他好像对这个没什么兴趣，我还是去邀请更有意愿的人吧。

第 1 章　对方下意识逃避责任

你打算办个同学会，大家聚一聚。联系同学的时候，大家都马上说"我要去""很期待"，可是有人很久之后才回复："目前看来有时间。"

看到这种回复，真的让人很郁闷。

邀请别人表达的是"我想见你"的意思，相当于告白。正因为如此，如果对方的回答流露出"我也想见你"的意思，我们就会非常开心。就算时间不合适，只要听到对方说一句"我也想见你！但是我那天有事……唉，好遗憾"，我们就能明白对方是有心见面的，这时只要说一句"好遗憾，我们下次再约"就可以了。

而"目前看来有时间"这句话隐隐有些伤人。

"有时间"的意思就是"会去"，这没问题，问题在于"目前看来"这种观望态度，好像在说"如果有更重要的事情，我会选择另一边"。**这就像是对方在将和你现在的约定与还没有出现的事情做比较，表示和你的约定不如没有出现的事情重要，这种回复当然会伤人。**

对方这样回复也会让人摸不清他的真实意愿，不知道他究竟想不想去。面对对方这种高高在上、进退有据的态度，我们自然会感到扫兴。对方的回答好像在说**"虽然你好像很想见我，但是我还没想好要不要见你，该怎么办好呢，呵呵"**。

就算无法预测之后的安排，如果对方能先表达出想去的意愿，然后加一句"但是我可能会被临时叫去加班，那样的话就对不起了"，我们的心情也会舒服很多。

**如果你多次邀请对方，得到的都是含糊的回答，这虽然令人伤心，但也说明对方没有很期待与你见面，那就不要再对他发出邀请了。** 去找更有意愿和你一起的人吧。

你也可以改变两人之间的关系，在偶尔想到对方时才发出邀请，这也是一种不错的选择。

**不值得邀请的人，逐渐拉开与他的距离。**

# 第 2 章

## 对方爱用情绪绑架你

# 5 我是为了你好

**欠考虑的话**

啊?! 你没看过这本书?! 太可惜了! 一定要看看这本书!

谢谢你! 我会找时间看看的。

他这样说是为了我好吧……

才不是!

是为了我好吧……

这只是他的个人感受而已。

不用理会

你可以不爽,但别为一句话耿耿于怀

这句话也让人郁闷……

我不会说对你不好的事。

你最好……

你就失去了一半的人生乐趣。

**要这样想!**

你不是为了我好吧。
我随便听听就好了。

"做销售的一定要看看这本书,我简直不能想象你没看过。"

"啊!不能吃海胆,你就失去了一半的人生乐趣。"

听到并不算亲近的人这样对你说话,你会不会烦躁?**你是不是有一种不舒服的感觉,觉得自己好像被催促、被责备了?**你有没有在心里呐喊"可不可以不要管我"?但是这种人是不会不管你的。

"我是为了你好才这样说的啊。"

"我不会说对你不好的事,你试试看吧。"

这种人会摆出一副"我是好心提醒你""我是为了你好"的样子,这样一来,你会开始责备自己,觉得好歹这是人家的一片心意,不能无视……

但是,**这种人并不是好心要帮你,只是想表达个人感受而已,只是想把自己的喜好和想法强加在别人身上而已,而且还要装出一副好心建议的样子,所以你才会觉得烦躁。**

既然如此,他们不如干脆直说,这样听的人会更舒服一些,比如:"我想和你讨论一下这本书,所以请你看看它!""海胆真的很好吃,你尝尝看嘛!"如此一来,听的人也会马上想要试试看。

所以<u>如果你遇到了这种装好心的人,可以马上在心里默念:"啊,对,这只是你的感受吧。""原来你会这样啊,但我不会!"</u>

健康食品广告里经常会出现"以上纯属个人感受"的提示，请你想象这句话出现在对方的脸下面。然后你应该马上就会感觉他说的话有些可疑，于是自然而然地说出拒绝的话，并且拒绝的时候心里也不会难受！

**别人的好心推荐只是他的个人感受，不用在意。**

# 6

## 总之就是……

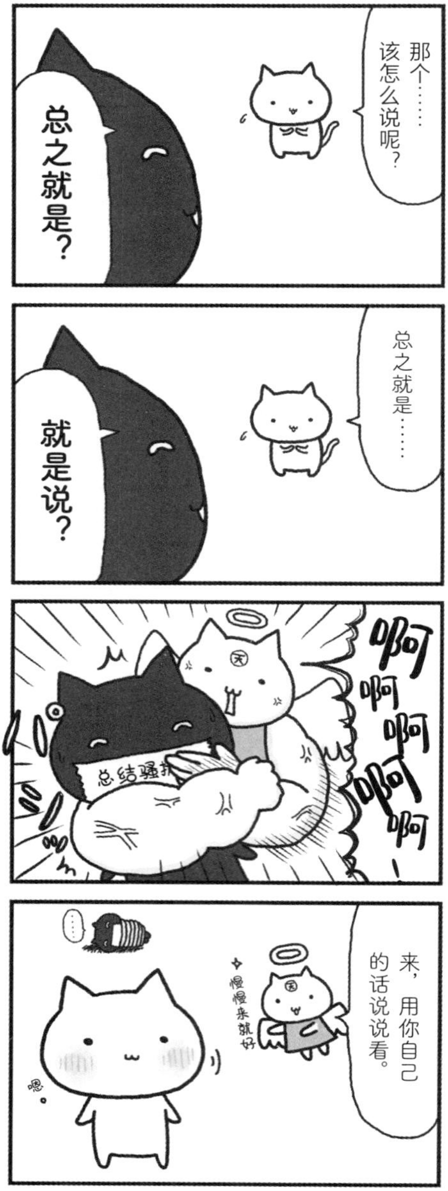


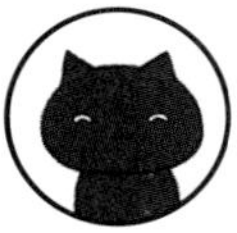

欠考虑的话

这句话也让人郁闷……

结论是……

你究竟想说什么？

这段话有三个要点……

**要这样想！**

↓

你为什么总是想立刻对别人的话进行总结呢？我要用我的节奏思考。

第 2 章　对方爱用情绪绑架你　25

当跟他人倾诉烦恼，说心里话，或讨论和未来有关的大事时，我们有时没办法一下子说清楚。因为不知道怎么说才能表达自己的心情，说着说着就混乱了，需要边想边说，所以说话跑题也是没办法的事。

**如果中途有人说"总之就是……"，你会不会感到沮丧？就算觉得对方总结得有些不对，你也不想再多说什么了，只是笑着说一句"啊，嗯，大概就是这样吧"来结束话题，甚至可能还会因为自己没能把话说清楚而向对方道歉。最后因为怀疑是自己不好，说话不得要领，而感到沮丧。**

但是，没关系！错的不是你！

错的是那些急于帮你总结的人。做"总结骚扰"的人会把事情总结得很粗糙，让人感到困扰。

我们也很清楚应该把话说得简单易懂，可就是思绪混乱，没办法做到这一点，正是因为如此，才来找人商量的。

**结果对方却随随便便做了总结，这会让我们觉得自己认为很重要的想法受到了轻视，从而感到非常受伤。**

遗憾的是，喜欢总结的人大多自以为聪明。其实他们只是因为不擅长处理复杂的问题，才会擅自总结，并沉醉在"我真聪明，真有逻辑"的幻想中……而真正聪明的人会耐心地听完别人千头万绪的话，并引导对方整理混乱的思绪，以解决问题。

所以大家不必理会这些自以为聪明的人做出的"总结骚扰"，<u>可以在心里抱怨一句"请不要随便总结"，忽略他们的话，然后继续按照自己的节奏说下去就好，就像什么都没听到一样。</u>

请大家一定要小心，自己也不要随便总结自己的情绪。

**面对"总结骚扰"，保持自己的节奏！**

# 7

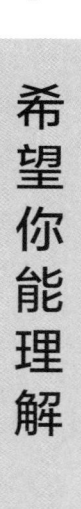

## 希望你能理解

欠考虑的话

大家那天都请无薪假吧。

嘈杂

公司也有自己的难处……大家明白吧？

其实你很想说『不明白』吧，结果忍住了。

突然出现

我明白有些话很难说出口，但还是要重视自己的感受!!

28　你可以不爽，但别为一句话耿耿于怀

这句话也让人郁闷……

请大家理解,请大家配合。

你明白的吧?

要看场合。

**要这样想!**

不明白的事情就是不明白。要重视自己的感受。

第 2 章 对方爱用情绪绑架你

新冠疫情期间，我们应该听过很多次"请大家理解"吧。

明白和理解本来是每个人自己的事情，所以当我们被要求明白和理解的时候，就会觉得心里不舒服。

因为对病毒、医疗等专业领域我们有太多不明白的地方，所以需要有人耐心地给我们解释，而不是只简单地说一句"大家共克时艰啊""大家先努努力"，这样我们只会产生被动配合、没有选择余地的感觉，从而心中郁闷。

除了新冠疫情之外，日常生活中也有很多这样的情况。

比如领导说："各位，今天都请无薪假……明白吧？"周围的同事异口同声地答应时，你会怎么做？恐怕会随波逐流地同意，但心里觉得不爽吧。

"明白吧？"这种话术不好的地方在于，如果我们不顺从，就会被当成没用的人，于是我们说不出"我不明白"这样的话，因为一旦说了就会遭人白眼。这就是在利用臭名昭著的同调压力[1]来让大家不得不学会察言观色，不敢说出自己的真实想法。

无论如何都无法接受，却又不能出言反对。

在这种情况下，我们是不是可以用装傻的方式来反抗呢？比

---

[1] 同调压力：在特定的地区和群体内，多数人决定意见后少数人会选择沉默或者服从。——译者注

如若无其事地问领导:"明白什么?"

当然,这种方法改变不了整体氛围,只是轻微的反抗。但是**不对自己的情绪说谎,不对同调压力照单全收,可以守护你的内心**。顺从同调压力从表面上看没有什么问题,但是不加思考地违背自己的想法会在内心深处伤害到你。

或许在现实中做不到,但请大家记住,还存在上面这种保护自己内心的方式。

**察言观色很安全,但你的内心深处可能会受伤。**

## 8 抱歉，我比较内向……

欠考虑的话

> 抱歉，我比较内向……

> 这样啊！他是新人，我得帮帮他。

> 我给你介绍一下。
> 谢谢。

> 总觉得跟他在一起好累啊。
> 我为什么要那么帮他啊？

> 难道……那是他算计好的，就是想让我照顾他?!

这句话也让人郁闷……

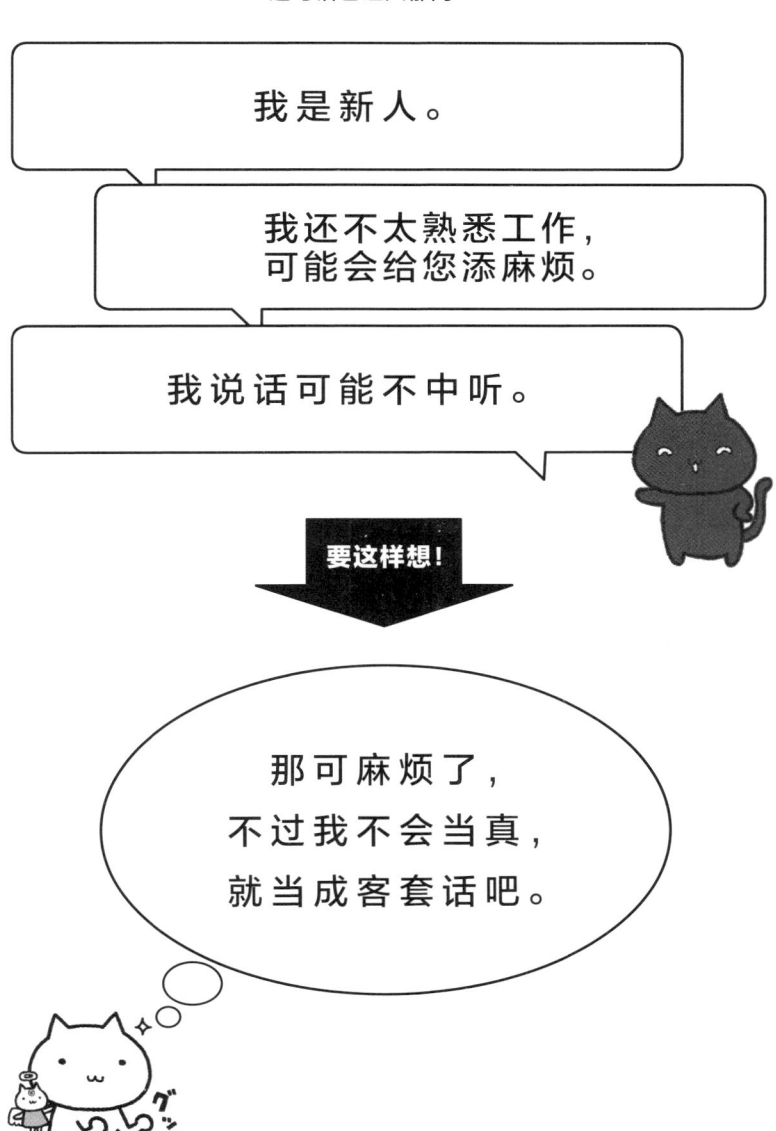

我是新人。

我还不太熟悉工作，可能会给您添麻烦。

我说话可能不中听。

**要这样想！**

那可麻烦了，不过我不会当真，就当成客套话吧。

第 2 章 对方爱用情绪绑架你

如果问总是沉默寡言、低着头的新同事"你没事吧",他们回答说"抱歉,我比较内向……",体贴的你会不会觉得"原来是这样!要是我不照顾他的话,那他就太可怜了,我要努力帮帮他"?

之后你就会教他各种东西,给他提供各种帮助。再之后你就会感到筋疲力尽,觉得跟他在一起特别累。

这是自然的,因为那些话乍一听很谦虚,其实从某种意义上来说很狡猾。

一开始就说自己因某些限制而做不到的人,其实是在向大家传达"你应该照顾我"的信息,也在为他今后犯错打预防针:"今后如果我有什么失礼之处,请多包涵,因为我一开始就说清楚了哦。"

所以我们会感到不舒服。

与此类似的还有演讲时长长的铺垫,目的是从一开始就为自己降低难度。比如在结婚典礼上致辞时说:"我一直不太会说话,今天肩负重任,觉得格外紧张,不知如何是好……"

我建议大家对这种借口和预防针听一半信一半。

越体贴的人越会当真,认为对方真的很内向,真的不擅长说话,但其实大部分时候对方只是随便说说,只要把它们当成"请多指教"或者"你好"那样的客套话就好。

大家是不是常常听到长辈在送礼时会说"一点心意,不成敬意"?"内向宣言"和它一样,听到后,不用努力去想要为对方做些什么,当成客套话随便听听,然后说一句"没事的""怎么可能呢"就好。

"内向宣言"只是客套,随便听听就好。

# 9 不要生气嘛

说了一堆非常没有礼貌的话之后……你毕竟是个女孩子，偶尔也穿穿裙子吧？

如果你生气……啊？

啊呀，不要生气嘛——

如果你摆出一副生气的样子，反而像是你做错了……

这就像是你打了别人一拳，还让别人不要喊疼一样，简直没道理！

砰!!

啊呀，你不要喊疼嘛

**欠考虑的话**

你可以不爽，但别为一句话耿耿于怀

这句话也让人郁闷……

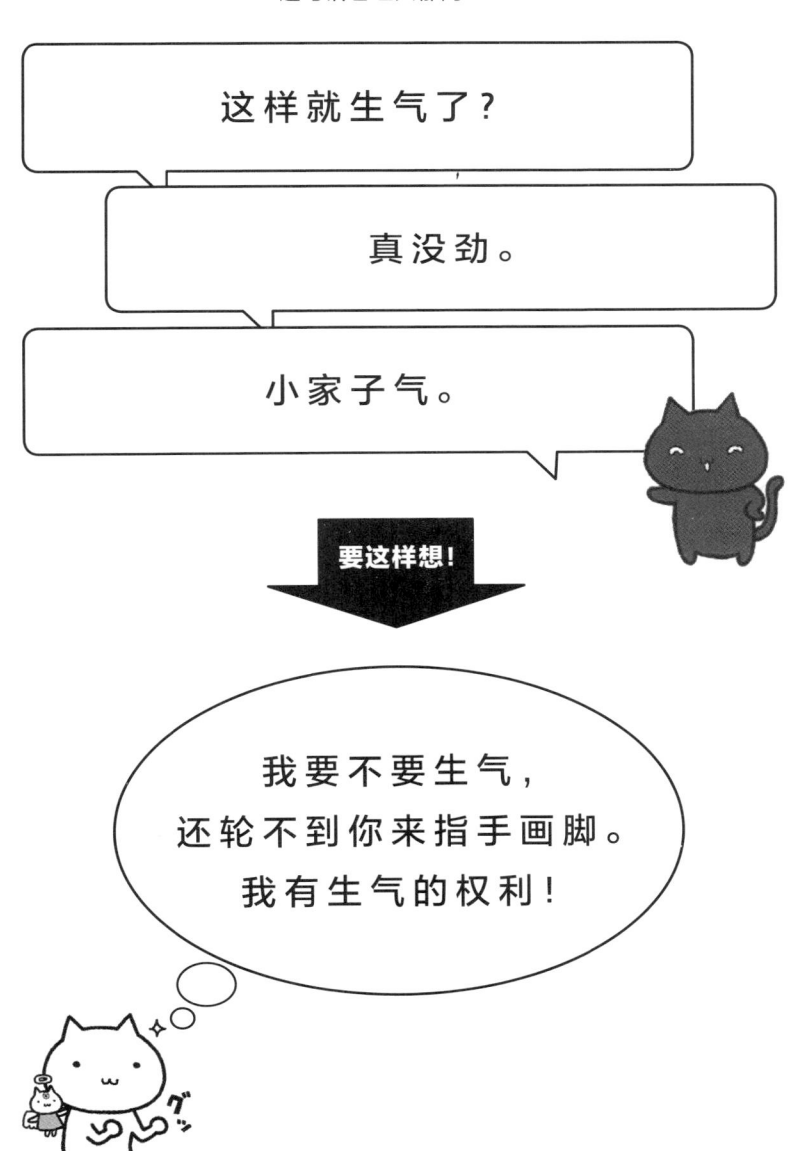

这样就生气了？

真没劲。

小家子气。

**要这样想！**

我要不要生气，
还轮不到你来指手画脚。
我有生气的权利！

第 2 章 对方爱用情绪绑架你

烦人的外貌品评、恶心的性骚扰、无法接受的不合理待遇……

遇到这种情况时，大家会不会觉得不爽，然后生气地说"太过分了""真差劲""可恶至极"？遇到这种事情已经很让人难受了，结果看到你生气，有的人还会说些"不要生气嘛""开心点啦""消消气"之类的话试图挽回。

我们会因为这些话而心情好转吗？不会！反而会因为有太多话想说而陷入混乱，只想尽快离开（顺带提一句，我从小就很不擅长回应这种话）。

**"不要生气嘛"，这种说法是在擅自压抑别人的情绪。**

**你很生气，真的很生气，没有人有权利让你不要生气。**

而且这句话带着高高在上的态度，仿佛在说"是生气的人不对"，这种态度只会火上浇油。

**对方或许只是想缓和一下尴尬的氛围，但结果是，你更加生气了。**

听到"不要生气嘛"的时候，你不需要反省，觉得是自己不够大度，或者自己太过敏感。

换个角度想，能让温柔体贴的你生气，本来就是相当严重的事情！你应该尽情地在心中发泄怒火："啊？我就是生气怎了!""说什么梦话呢？我生不生气关你什么事？"忍耐有害健康。

你有生气的权利，有拒绝不合理待遇的权利。请不要忘记，你随时可以行使这些权利。配合别人、察言观色什么的，全都尽情无视吧！

**听到"不要生气嘛"时，要意识到你有生气的权利。**

# 第 3 章

## 对方爱跟你秀优越感

# 10 这不算什么啦

最近领导好严格啊……

不不不，他以前更严格！

……那我现在的辛苦算什么？

这不算什么啦

啊呀，总会有这样的阶段，没事的——

你刚才是把我的辛苦当成了下酒菜，在心里窃喜吗？

谁管你啊！

**欠考虑的话**

你可以不爽，但别为一句话耿耿于怀

这句话也让人郁闷……

他以前更可怕。

大家都很辛苦。

你这还算好的。

**要这样想！**

啊呀，
我找错聊天对象了。
先暂时逃走！

第 3 章　对方爱跟你秀优越感

你抱怨工作辛苦时,对方说"我年轻的时候也有很多烦恼"。

你感叹时间不够时,对方说"我以前也这样,但是时间还是要自己去挤的"。

找前辈和年长的人倾诉烦恼时,往往会遭到类似意想不到的"袭击"。

**你本来以为对方会和你产生共鸣,结果他开始喋喋不休地说自己年轻时有多不容易**,于是你只能沉默。

如果当时你头脑冷静,可能会在心里嘀咕一句:"嗯,可是,那都是你的事情。""我也有我的烦恼想说,能听我说说吗?"如果你当时心情低落,就想不到这些了,只会觉得:"什么?我的烦恼不值一提吗?""我这么苦恼是不应该的吗?"等谈话结束,不但没有解决任何问题,你还会陷入莫名其妙的失落情绪中。

**说到底,那些听到你的烦恼后摆出自己过去的故事和经验来说教的人,只是想沉浸在自己过去的辉煌中而已**,谈不上对你感同身受。真正对你感同身受的人是不会先说自己的故事的,而是会集中精力解决你目前的问题。

所以请你一定不要把前辈口中的"我以前也这样"放在心上,觉得自己的烦恼不值一提,从而搞得自己心情愈加低落。

此时正在烦恼的人只有你。

如果对方从"我以前……"开始说起，请立刻在心中吐槽："啊，又要开始回顾往昔了。"

当然，在这种情况下，你也可以面带不失礼貌的微笑道谢："谢谢您帮了我大忙。"然后尽快离开。与其配合别人回忆过去，不如早早回家睡觉，这样更有利于恢复精力。

**不要找爱回忆过去、炫耀自己辛苦的人商量事情。**

## 11 你不明白

欠考虑的话

住口!!
很难过吧,我明白你的心情。
你是被上天眷顾的人,才不会明白!

过分
虽然我不懂,但是一定会没问题的。
你根本不懂!

说不下去了!
无论明不明白都说不下去的情况。
此时你也许会自责,觉得是自己在多管闲事,

但是请不要否定自己想要伸手帮忙的温柔。
暂时避开,现在说什么对方都听不进去。
有事联系我

46　你可以不爽,但别为一句话耿耿于怀

这句话也让人郁闷……

你命这么好,哪懂我的苦。

让我一个人静静。

反正我这种人……

**要这样想!**

他很难过吧……
我先不要靠他那么近,
以免刺激到他,暂时在
远处守护他吧。

第 3 章 对方爱跟你秀优越感

你想安慰失恋受伤的朋友，对方却说："你根本不明白我的心情，让我一个人静静。"

你想安慰在工作上受挫的后辈，对方却说："你明白我当时的心情吗？反正我这种人……"

听到这些话，你会觉得很为难吧。那么该如何是好呢？无论回答"我明白"还是"我不明白"都是火上浇油。有时你还会因此而情绪低落，担心自己是不是多管闲事了，或者让对方更加不好受了。

可是没关系，因为就算对方生气了，你想帮助他的温柔也不是假的，你不需要否定自己的好意。

这其实就是个"意外"。和受伤的小猫会不分青红皂白地咬住伸向它的手指一样，这种事情很正常，是无法避免的。==看到身边的人比自己幸福，受伤的人会生气，从而进入攻击模式，讨厌有人高高在上地同情自己。==一些好心的言论在网上引来攻击也大多是因为这个缘故。

在这种情况下，我建议大家稍稍拉开一些距离。

==当对方说"你不明白"的时候，既不要回答"明白"也不要回答"不明白"，只要告诉对方"可是看到你受伤，我也很难过"就够了，用一句话向对方传递"我很关心你"的信号。==

然后说一句"如果你想找人聊聊，可以联系我"，转身离开。

给对方留出选择的空间，退到攻击范围之外的地方静静等待，这种方法可以避免双方进一步受到伤害。请记住，对方此时是只受伤的小猫。

**遇到误解你好意的人，表达关心后保持距离。**

# 12 你这样说有什么依据？

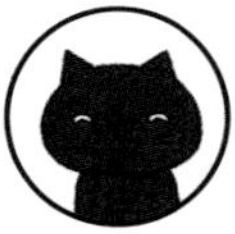

欠考虑的话

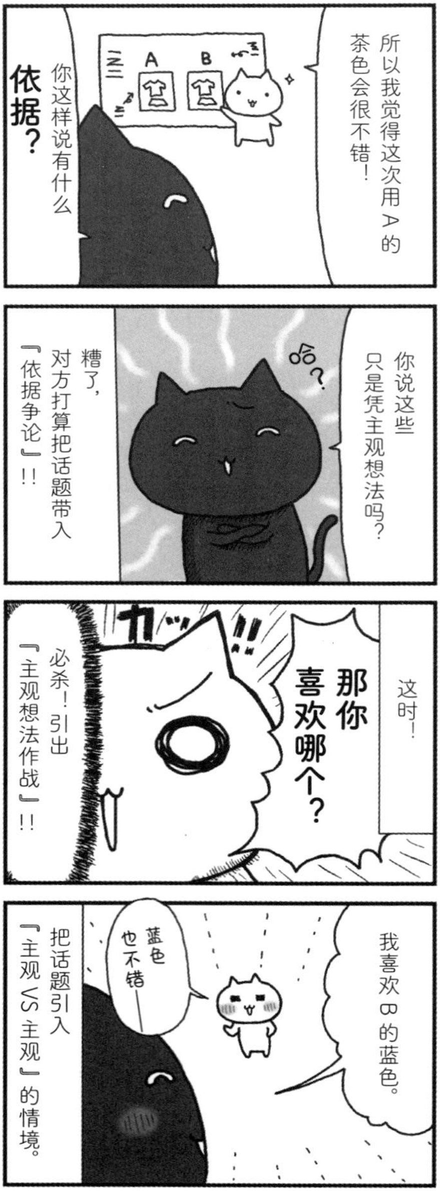

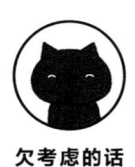

这句话也让人郁闷……

证据呢？

可是，这是你的主观想法吧？

说话能更有逻辑一些吗？

**要这样想！**

抱歉，是我的主观想法。那你怎么想？

第 3 章　对方爱跟你秀优越感

大家都有说不出原因但直觉上认为好的事情吧。在工作中，这种灵光一现的策划往往更具魅力。

可是在开会时，这样的策划也确实容易受到攻击。

"大胆试试茶色怎么样？"

"为什么？依据呢？"

"据我的观察，最近主妇们喜欢素雅的颜色……"

"'据你的观察'是什么意思？你有数据吗？这只是你的主观感觉吧？"

敏感的人在这时就会感到受挫。被否定的痛苦和被反驳的恐惧会让他们想要立即逃走，下意识说出"啊，真对不起"之类的话。

其实，不需要这么害怕。

你最开始冒出灵感时的兴奋和此前培养出来的直觉都是实打实的，请相信自己的感觉！

注重逻辑和数据的人乍一看是正确的，其实并非如此，他们实际上也在凭感觉说话。很多人虽然嘴上说着"依据""数据"什么的，但最后也只会说一句"我不喜欢这个方法，我不太明白这个方案"。

之所以这么说，是因为就算你拿出了数据，对方也会继续挑刺。

"这是去年的调查数据"→"这种数据不可信"→"根据最新的数据"→"这个调查范围太窄了吧"……这样的讨论不会有进展，也永远不会结束。

所以在这种情况下，最好的办法是把话题引入"主观VS主观"的情境。

**在被要求提供数据时，你就坦率地道歉："对不起，我应该准备的。"** 然后把话题引入主观层面："对了，科长您喜欢什么样的颜色呢？"如果对方回答喜欢蓝色的话，就可以把话题继续下去了。

敏感的人习惯在遭到强硬的反击时，条件反射地举白旗投降，其实不需要害怕，请从容地按照自己的节奏说话吧。

**信奉数据的人归根到底也是主观的。不需要太害怕！**

# 13 原来你是这种类型的人

欠考虑的话

我喜欢去印度旅行……
原来你是这种类型的人!

远程办公的时候,我很难集中注意力……
确实有这种人——

虽然我是猫,但我吃不了鱼……
对啊,有这种!有这种!

还有你这种爱给别人贴标签的人!
就是有这种人,真讨厌!!

你可以不爽,但别为一句话耿耿于怀

这句话也让人郁闷……

你是××类型的人啊。

最近经常听说这种人。

你果然是大家说的这种人……

**要这样想！**

爱贴标签的人出现了！
既然你给我贴标签，
我就给你贴回去！

第3章 对方爱跟你秀优越感　55

"我吃不了海胆和腌鱼子。""原来你是这种类型的人啊。"

"我喜欢去印度旅行。""没想到你是这种类型的人!"

"一直远程办公,我总觉得有些孤单。""你果然是大家说的那种怕寂寞的人。"

怎么样?听到这样的回复,你是不是有些不爽?你明明在说自己的事情,却被对方框定在一个类型里,被贴上了标签。对方没有好好听你说话,或是你总觉得有哪里不对劲,这让你感到很无力。

喜欢给人贴标签的人有几种类型。

第一种是自以为在向你表达同理心的人,他们想告诉你"你不是一个人""很多人跟你有同样的想法和烦恼",希望你能感到安心(有时候得知自己不是一个人,确实会感到安心)。

第二种是不给人贴标签就不舒服的人。这种人脑海里有一幅"人设地图",一定要在上面找到你的位置,否则就不能静下心来听你说话。

最后一种就是之前提到过的想秀优越感的人。这种人会有意无意地传达出"你不特别,你很普通"之类的意思,不想承认你的独特性。

这样一分类,你是不是就很容易理解了,是不是瞬间有种恍然大悟的感觉？

　　没错，我们自己也会不自觉地给别人贴标签和进行分类。不管怎么说，这都是一种简单易懂、方便快捷的方法。**下意识给别人贴标签，这种行为令人生厌，但似乎也难以避免，就让我们将错就错，被贴了标签之后再贴回去吧。**具体方法是，在心中默念"对对对，这人就是那种喜欢给人贴标签的人"。比起默默不爽，这种做法对健康更有益！

**被贴标签了，那就贴回去吧！**

# 14 你也有责任吧？

欠考虑的话

你听我说啊，我专门等领导不太忙的时候去找他汇报工作，结果被骂了，领导说我应该早点去汇报……是不是很过分？

（男朋友↓）

你也有责任吧？

不过这事……

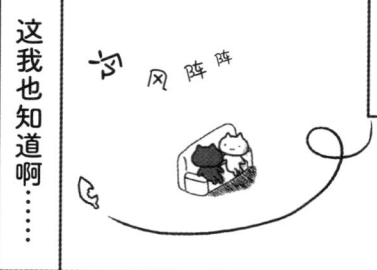

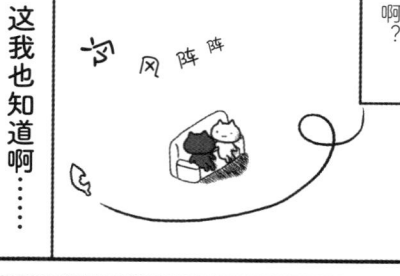

这我也知道啊……

啊？

（风阵阵）

我只是想想抱怨一下而已，你可以好好听我说吗？

太不贴心了

58　你可以不爽，但别为一句话耿耿于怀

这句话也让人郁闷……

对方也有他的难处吧？

工作就是这样的。

是你太天真了。

**要这样想！**

道理我都知道！可是现在我需要你理解我的感受！

第 3 章 对方爱跟你秀优越感

假设你跟朋友倾诉工作上的烦恼。

"我领导骂了我,说我为什么不早跟他汇报工作,可是他一直在忙啊,是我在体谅他啊。"

"嗯,可是,这事你也有责任吧?"

"啊,嗯,话是这样说没错……"

**你本来已经因为和领导发生矛盾很难过了,朋友还要挑你的毛病,于是你就失去了倾诉的欲望。本以为会站在你这边的人,却反过来批评指责你,这让你觉得遭到了背叛,心中恼怒不已。**

朋友并不是在为难你,反而是出于好心,或许他们是想由冷静的自己指出你的问题。但平时可以一起分享心情的人突然变成了"说教怪物",你一定会大受打击吧。

这样的对话会让你不爽的原因在于,其实你自己也明白这些道理,你也知道自己有不对的地方,你不需要对方给你指出就能明白问题所在。

**可是你现在心情不好,只想找个人说说,希望对方好好倾听,结果却被批评、说教了一番。** 而你又不能像小孩子一样抱怨对方,再加上之前的烦恼还没有解决,心更累了。

那么,我们就不能向别人稍微倾诉倾诉烦恼吗?难道无论做了什么事,都要先承认自己的错误,然后才能讲给别人听吗?

没有这回事！难过的时候可以找个人撒撒娇，我们都是人。

**不过最好注意一下说话的方式，建议大家一开始就跟对方说清楚，比如"你什么都不要说，听我说""我不需要你给我提建议""对我温柔一点，让我撒撒娇"**。这样一来，对方就会安静地倾听了。

就是这样。当然，如果对方不需要你说这些话，就能温柔地对你说"嗯嗯，你辛苦了"，自然是最好的。然而这一点无法强求，所以还是得靠我们自己想办法！

**想撒娇时，先跟对方说"让我抱怨一下，撒撒娇吧"。**

# 15 我这个人……

**欠考虑的话**

最近喵先生经常联系我……

啊,原来是这样啊!
他是不是喜欢我啊……

我这个人一点都不可爱,他怎么会喜欢我呢?

来,快说说这回事,夸我很可爱!
我绝对不说!

你可以不爽,但别为一句话耿耿于怀

这句话也让人郁闷……

我这么马虎的人绝对干不了销售。

我品味不好,总是一样的打扮。

对不起,我只能做出这样的饭菜。

**要这样想!**

自虐表演开始了!
算了,我就配合你一下吧。

第 3 章 对方爱跟你秀优越感

"我这个人一点都不可爱……他究竟喜欢我哪里啊？"

"我算术不好，你觉得我能做好销售吗？"

你有没有听到过这种奇怪的"自夸"？和正大光明的自夸相比，这种暗戳戳的自夸更让人反感，还让人很难回应。

因为这是一种"自贬式炫耀"。

**嘴上说着自己不可爱，却炫耀有男朋友。嘴上说着算术不好，却炫耀自己在做销售。因为觉得露骨的炫耀太锋芒毕露，所以这些人选择了隐晦的炫耀技巧。**

面对这种人，你可以先否认他们的自贬，告诉他们"才没这回事"，然后附和他们的炫耀，说"你真厉害"。啊，好麻烦……

**对方心情变好后就会说个不停，结果"自贬"变成了得意满满的炫耀，仿佛在说"我是不是很厉害啊"，这同样很劳神。**

有时，你也会忍不住因此萌生治治对方的念头，想跟对方说些"真的，你一点都不可爱""你的算术糟糕得令人绝望"之类的话（笑），但如果你是个温柔的人，这样说的难度会很高。

那么你可以暂时不要理会对方的"自贬"（因为弄不好就会"踩雷"），专注附和他们的炫耀就好，比如可以半开玩笑地吹捧对方。

"好，'狗粮'来了！"

"真厉害，你一定是销售部的王牌吧？"

只要你的话中流露出"你在炫耀哦，你想炫耀吧，请尽情炫耀吧"的意思，对方就会不好意思，嘟囔着说"不不不，不是这样的"。

在一部日本老电影里，被迫吃"狗粮"的女演员跟对方说："啊呀，多谢款待。"就是要这种效果，在祝福对方的同时还能暗示对方"到此为止吧"。

**夸张地附和自贬式炫耀，就会让对方尴尬。**

# 第 4 章

## 对方说话惜字如金

## 16 没问题

**欠考虑的话**

这句话也让人郁闷……

好。

行。

可以了。

要这样想!

你的意思就是
"很完美、很出色"吧!

第 4 章 对方说话惜字如金

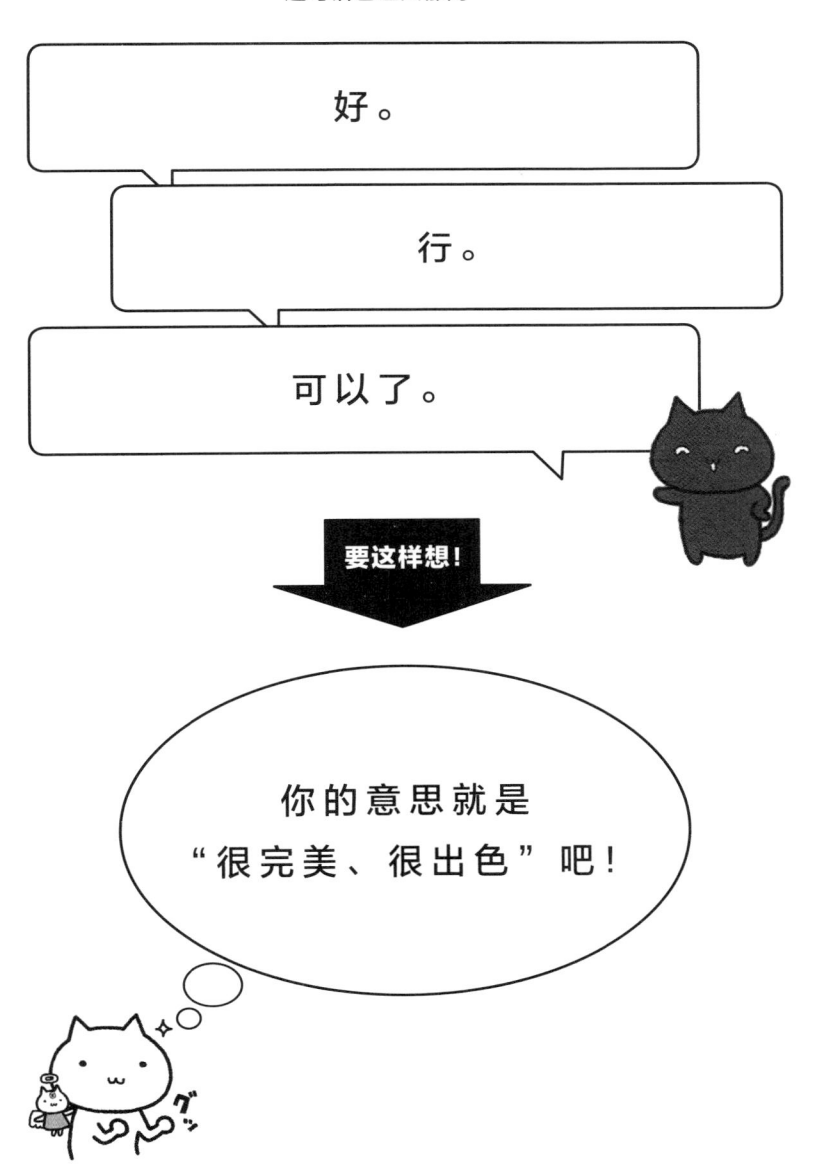

你突然接到一件今天之内要完成的工作，你必须迅速且认真地完成它，于是你对自己说"冷静点，加油"，然后马上投入工作。

几个小时后，你好不容易完成了，意气风发地交给领导，结果对方扫了一眼，只说了一句"嗯，没问题"……

这时，你会不会纳闷："嗯？就这样？！不是应该再说点儿什么吗？你好好看过了吗？我可是拼了命才做完的……"可是赖在那里等别人夸奖也很奇怪，你只好垂头丧气地回到自己的座位上，但心里总觉得不是滋味。

为什么我们会因为一句"没问题"而感到不爽呢？那是因为我们只听到了"没问题"这样一句冷冰冰的反馈，而没有听到"很棒"这样的称赞。就算对方这句话就是表扬的意思，我们也很难感觉到被夸奖了，所以总觉得缺了点儿什么。

其实，在这种情况下，你不需要失落，认为自己的努力成果只能得到这种程度的评价。因为不管是谁，工作久了，都可能会在这种情况下习惯性地回一句"没问题"。

"确认"行为有两种，一种是寻找缺点的"消极检查"，一种是寻找优点的"积极检查"。而在工作中，消极检查比积极检查要多得多。工作就是要消灭各种错误。

努力把工作赶出来的人自然希望对方能进行积极检查，夸自己一句"做得不错"或者"在这么短的时间里就完成了，真厉害"。可是职场中的人都很忙碌，没有时间关注这些小事。

既然如此，那就没办法了，对方没说的话就由自己来补足吧！

听到"没问题"时，你可以自己在心里把它翻译成："<u>啊呀，很完美，很厉害，把工作交给你真是太好了，以后也要拜托你，谢谢！</u>"这样一来，你的心情就会变好。

另外，当你做到领导的位置时，一定要记得多对下属说些肯定、表扬的话。

**在心里默默翻译：没问题＝完美。**

# 17 当然啊

**欠考虑的话**

好烦……解封后车厢变得好挤啊。

当然啊!

啊……好像我说的事情是理所当然的……

沮丧……

没必要反省!

啊……好像我说的事情是理所当然的……

撕拉

理所当然不是坏事,那也是你真实的经历。

不是只有「我在路边遇到了外星人」这样的事情才值得说。

确实……

72　你可以不爽,但别为一句话耿耿于怀

这句话也让人郁闷……

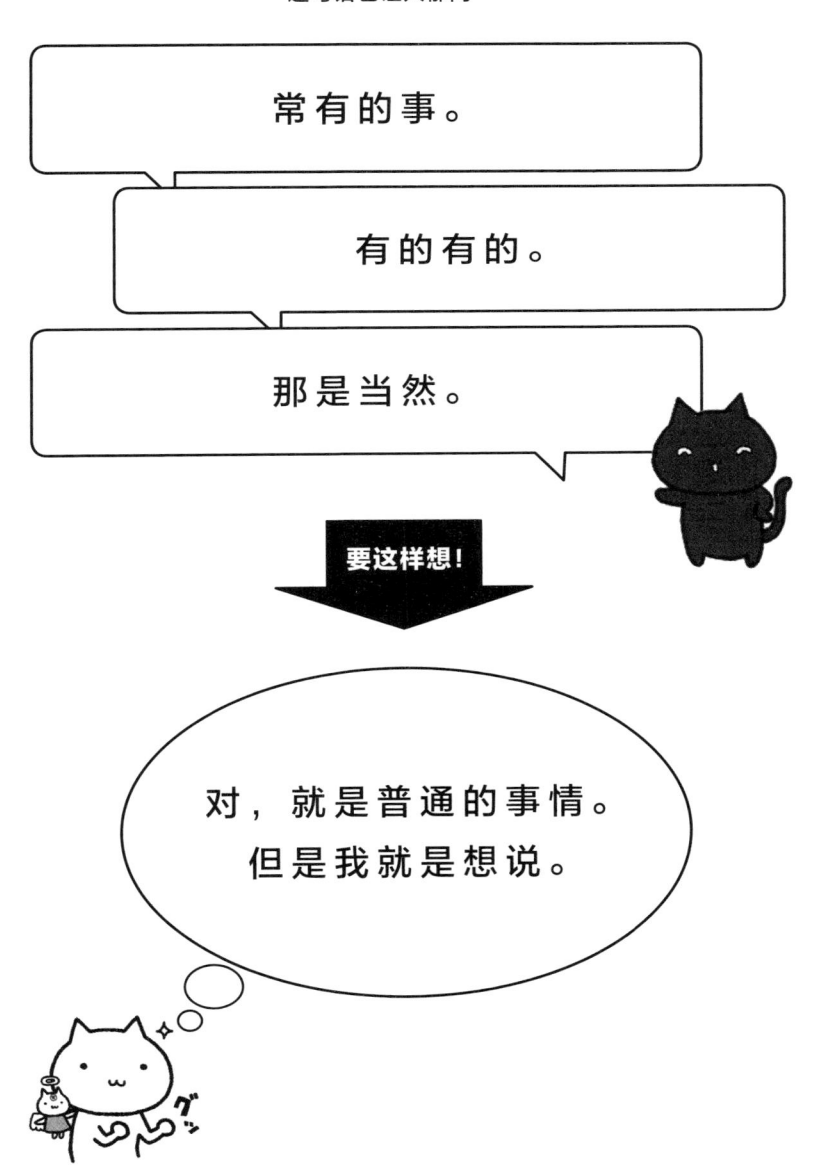

常有的事。

有的有的。

那是当然。

**要这样想!**

对,就是普通的事情。但是我就是想说。

第 4 章 对方说话惜字如金

解封后车厢里拥挤不堪,到家后你对伴侣说:"车里挤得满满当当的!"结果却得到一句"当然啊"的回答。郁闷……

遇到好久没见的同学,你向对方抱怨工作上的事情:"最近,有一份合同差点就谈成了,最后一刻黄了,唉……"结果对方笑着说:"常有的事。"郁闷……

**对方这种高高在上的态度仿佛在说"这种事情真无聊,没什么好大惊小怪的"**。这样的态度自然会让我们情绪低落,甚至会让我们陷入自责:我不该为这种理所当然的事情一惊一乍的。然后情不自禁地道歉:"抱歉,这事确实很平常……"

我们说话都期待得到正面的回应!就算不指望对方夸张地表示惊讶,至少也希望他们说一句"这样啊""真不容易",否则我们就会失去继续分享的欲望。比如,我们希望对方这样回应:"就是就是,平时××站都空荡荡的,结果今天连那里都是人挤人。""那可是你花了半年时间做的项目啊。"

说实话,世界上几乎所有的事情都是平常事,让人耳目一新的事或者有趣的事没那么容易出现。所以哪怕说的是普普通通的事,也没什么好感到无聊的。

说到底,**伴侣或朋友之间就应该彼此多分享些"虽然很平常,但是让自己很受触动的事情"**。我们应该主动选择交流对象,那些

74　你可以不爽,但别为一句话耿耿于怀

装出一副什么都知道的样子、扫兴地说着"当然啊""常有的事"的人，就不要跟他们分享自己的经历和心情了。

因此，以后就算遇到冷淡的反应也不用在意，就当对方说的是"原来如此"，==不要让它影响你的情绪，然后接一句"嗯，没错，还有哦——"==，继续说下去就好。

不用隐藏自己的真实感受，也不用刻意去找有趣的话题，因为平淡无奇的对话才是真实的日常。

**不够有趣、惊喜的事情，也要尽情说出口！**

# 18 真麻烦

欠考虑的话

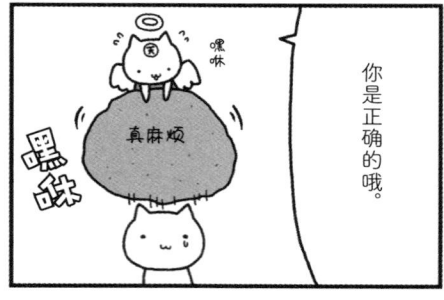

好！那就朝这个方向去做吧！

啊，可是我感觉这里还是这样比较好……

啊？什么呀，真麻烦。

这句话……

真的很伤人。

重压 真麻烦

你是正确的哦。

嘿咻 黑咻 真麻烦

他只是因为不甘心，在乱发脾气而已。

这样啊 真麻烦 呃……

你可以不爽，但别为一句话耿耿于怀

这句话也让人郁闷……

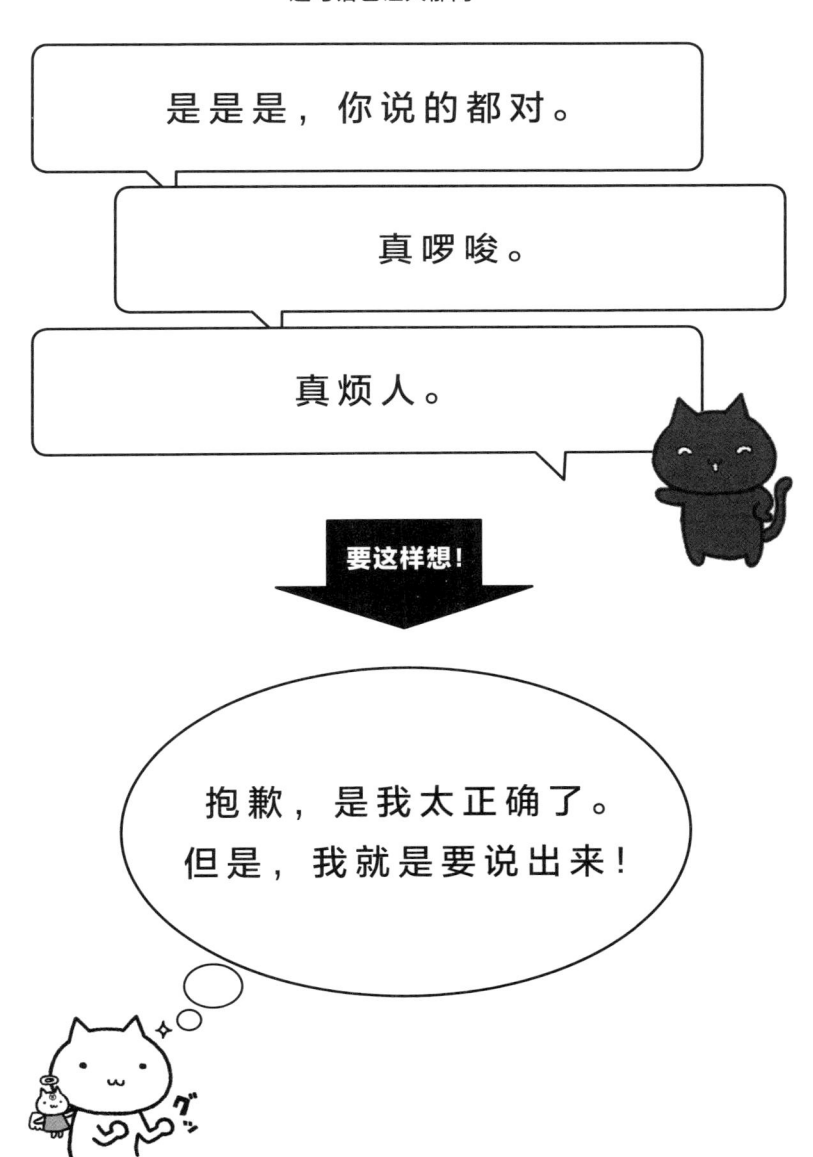

是是是，你说的都对。

真啰唆。

真烦人。

**要这样想！**

抱歉，是我太正确了。但是，我就是要说出来！

第 4 章 对方说话惜字如金

定好的方案如果不确定细节，就要二次返工，于是你建议再抠一抠细节，结果对方说"真麻烦"……

餐厅门口有台阶，有的顾客出入有困难，你建议说："门口能不能设置成无障碍通道？"结果餐厅的人皱起眉头，仿佛在说"来了个麻烦的人"……

对方这样的反应一定会让你深受打击吧。

你也不想成为麻烦的人，你只是比较敏感、细致并说出了你注意到的事情而已，你只是为了之后不会更麻烦而好心提醒对方，可是……

<u>"真麻烦"的意思是"成本太高"，意味着"和你交往真难""因为和你交往成本太高，所以想避开"，这种话当然会伤人。</u>你或许会犹豫，觉得"既然如此，我还是什么都不说好了"。

可是能不能这样想呢？

<u>当有人对你说"真麻烦"的时候，大多数情况下你是对的。如果你的推测是错误的，你说的话有问题，对方就不会说"真麻烦"了。正因为你说的话一针见血，对方没办法反驳，才只能羞怒交加地说一句"真麻烦"</u>，就像孩子听到父母说"快去做作业"后闹别扭一样。

也就是说，"真麻烦"可以理解为对方举白旗的信号，仿佛对

方在说:"你是对的,我投降,抱歉。"

比别人更容易察觉到问题所在,这是没办法改变的事,总比事后发生严重事故再后悔当时没有说出口要好。

所以,如果有好的建议和意见,就坦诚说出来吧。如果听到对方说"真麻烦",就在心里振臂庆祝胜利,并告诉自己"果然,我说的是对的"。接下来,你既可以选择闭口不谈,也可以继续这个话题。虽然正义未必会胜利,但是一定会有人看到你的先见之明。

**"真麻烦"是正确的证明,拿出自信来!**

# 第 5 章

## 对方拐弯抹角地嘲讽你

# 19

# 你明白我的意思吗？

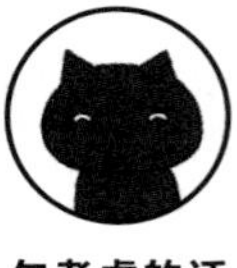

欠考虑的话

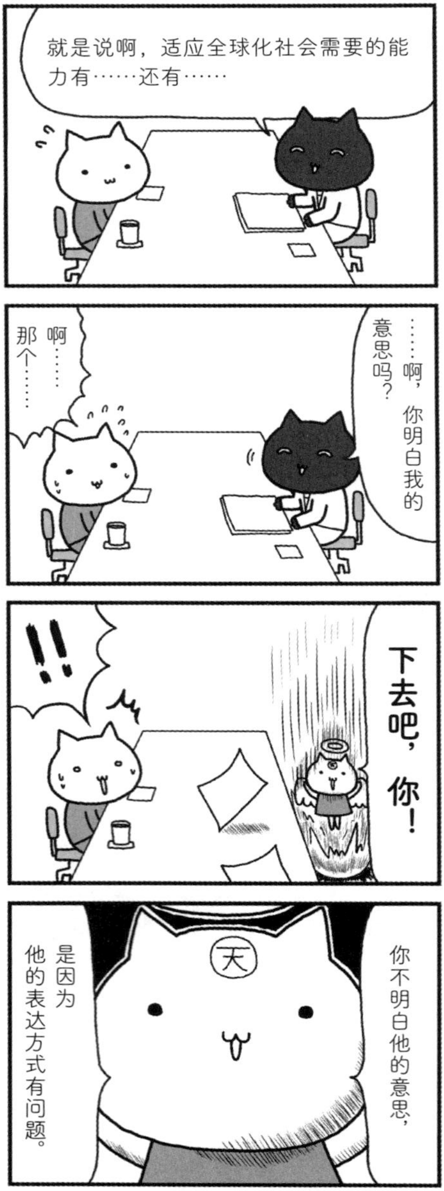

这句话也让人郁闷……

是不是有点复杂？

能跟上吗？

抱歉说了让你不明白的话。

**要这样想！**

我不懂，请用我能懂的方式说明白！

第 5 章　对方拐弯抹角地嘲讽你　　83

前辈在向你介绍工作方法,你拼命记笔记,结果对方问你:"你明白我的意思吗?"

最近对象热衷于"高意识系"[1],总是跟你说一堆莫名其妙的英语,最后还加上一句:"啊,抱歉,跟你说了些高深的事情。"

……好生气,被小看了,对方好像在说"你是个笨蛋""你什么都不懂"。

更糟心的是,就算你气冲冲地跟对方说"别小看我",你内心深处依然焦虑不已,怀疑是不是自己的理解能力太差了,于是不懂装懂,结果因为焦虑和混乱而陷入恐慌。

对方想确认自己的意思有没有传达出去,这一点并没有错,反而是非常好的事情。

可是在这种情况下,说话的人应该确认的不是倾听者的理解能力,而是自己的表达能力。他们要问的不应该是"你明白我的意思吗",而应该是"我的表达方式没问题吧"。具体来说,我们希望对方说的是"我说得会不会太快""我这样讲是不是很难理解"。

然而对方没有这样说,而是摆出一副自以为了不起的样子,

---

[1] 高意识系:自以为很了不起,用一些难懂的专业名词表现自己。——译者注

仿佛在说"听不懂是你的错",所以我们才会生气。

交流的大前提是,说话的人要对自己说的话负责。所以就算你没有听懂,也不需要感到焦虑。当你不明白的时候,可以立刻明确地跟对方说"我不明白",也没必要谦虚,说些"我脑子不好……""抱歉,是我懂得太少……"之类的话。

**不需要为"不明白"感到羞耻。相反,你可以在不明白的时候提出要求:"那个,请你说明白一些。"**

明白了就说"我明白了",不明白的话可以直说"我不明白"。无论如何,让对方去努力吧!

**如果你不明白,可以让对方说明白。**

## 20 我之前就说过

**欠考虑的话**

这句话也让人郁闷……

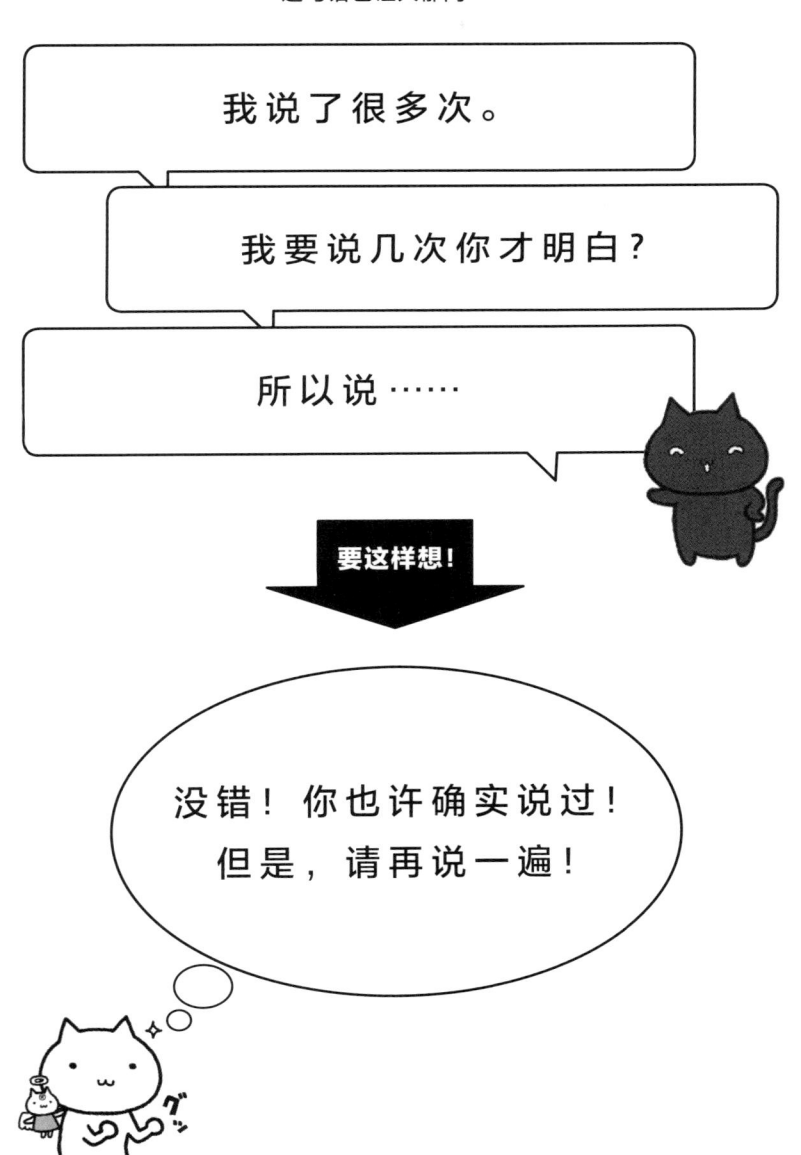

我说了很多次。

我要说几次你才明白?

所以说……

要这样想!

没错!你也许确实说过!但是,请再说一遍!

第 5 章　对方拐弯抹角地嘲讽你

领导说："我之前就说过，文件要用这种格式提交，对吧？"

家人说："我说了很多次，上完厕所要关灯。"

这两种情况都会让我们隐隐受伤。

尽管直接被斥责也会难过，但是上面这种说法会让我们陷入自责："原来他之前就说过啊""我记性不好""我学习能力真差"……

**敏感的人能够感觉到对方厌烦的心情，从而感到受伤。**

但是，不用在意！

首先，我们根本不知道对方之前到底说没说过，有可能是对方记错了。

其次，就像"你明白我的意思吗？"那一节提到的，**说话的人要对自己说的话负责，所以如果你忘记了，那么对方也有责任**，我建议大家直接说"我不记得了"。

虽说如此，但大家恐怕觉得这样做很厚脸皮。并且，无论是不是对方的错，被训斥了就是会失落。

那么试着这样想如何？在脑海中彻底删掉"我之前就说过"这句话，当作从来没听过。

"我之前就说过"这句话本来没什么意义，甚至会让人想问："那又怎么样？"重点在于文件的格式是怎样的，厕所的灯有没有关。所以前半部分就当没听见吧，只听后半部分，这样双方都会开心。

要做到这一点，窍门在于，在心中点头并默念"对，请再说一遍""我不记得了，请再说一遍"。

**听到"我之前就说过"时无视，并在心中默念"请再说一遍"。**

# 21 你觉得这是为什么?

欠考虑的话

这附近有好多老房子啊——

你觉得这是为什么?

这种为了在别人面前显示优越感,问别人「你觉得这是为什么」的人真的很烦。

这种时候

嗯?

你觉得这是为什么?

嗯?

啊,所以我说……你明白吗?

嗯?

像这样……

嗯?

装傻——

装傻,不要顺着对方的话说就好!

90　你可以不爽,但别为一句话耿耿于怀

这句话也让人郁闷……

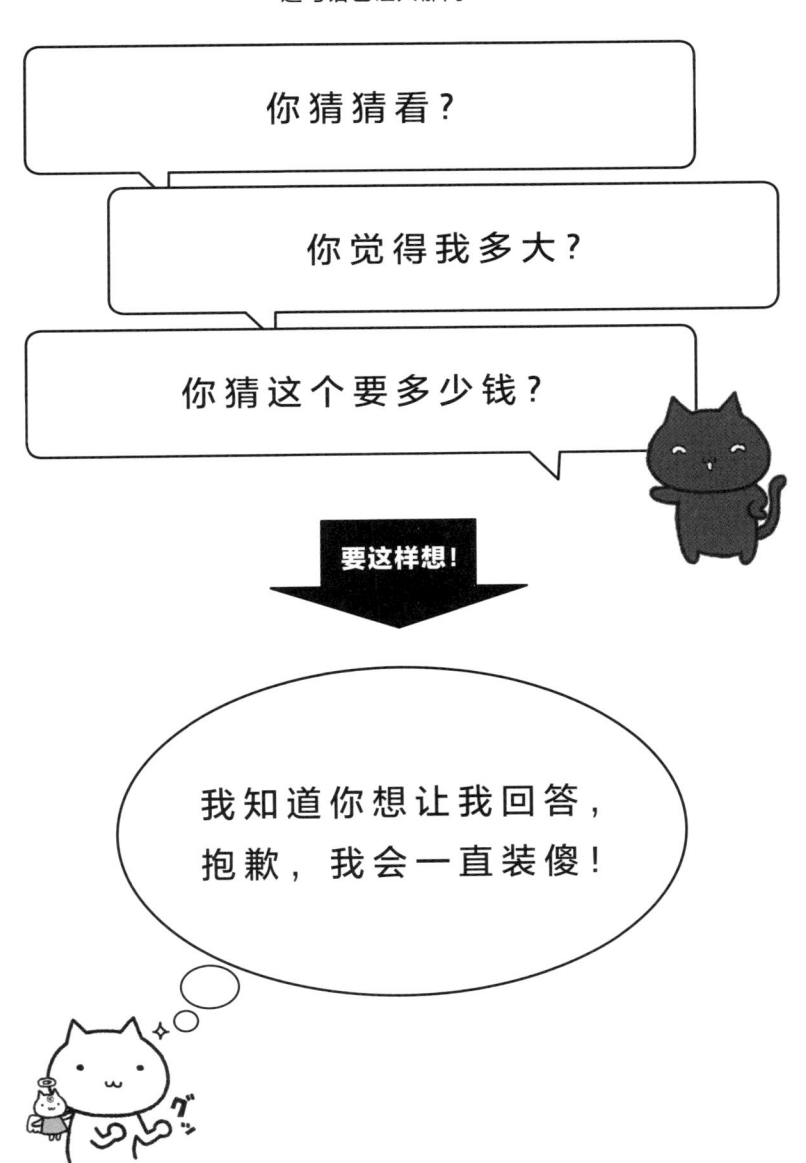

你猜猜看？

你觉得我多大？

你猜这个要多少钱？

要这样想！

我知道你想让我回答，抱歉，我会一直装傻！

第 5 章　对方拐弯抹角地嘲讽你　91

和领导一起外出跑业务,你说了一句"这附近有好多老房子啊"。结果领导突然居高临下地问:"你觉得这是为什么?"尽管你很不爽,忍不住在心里嘀咕"我怎么知道啊",却不能摆臭脸,只好配合地问一句:"嗯,为什么呢?"

这下可不得了了!对方会更加得意,继续兴致勃勃地说:"你不知道吗?给你个提示——"如果你答错了,对方还会开心地挑刺。

**啊,你心里觉得这种事根本不重要,可是对方却洋洋自得,真让人头疼。**

我把这样的人称为"智力问答爱好者",他们会因为掌握某个信息而带着小小的优越感,不停地问别人"你知道吗""想知道吗",简直就像拿到新玩具后说着"怎么样?想让我借给你玩吗"的孩子一样。可爱是可爱,但是也很烦人。

**对方当成宝贝四处炫耀的信息你却毫无兴趣,这种情况着实令人哭笑不得。**老实说,那些信息就算对方不告诉你也没关系,所以他们那副得意的样子才更让人郁闷。

另外,**这些话中隐含的测试意味同样令人不爽。**刚才明明还在正常对话,对方突然就变成了一副居高临下的样子,开始对你进行测试,好像在说:"来吧,试着回答一下,能答出来吗?"

没错，这同样是一种炫耀，是一种高高在上的态度。

在你心情好或者愿意捧着对方的时候，配合一下也没问题；如果不是的话，那就尽早退出智力问答吧。

**可以让对方快点告诉你答案，也可以表示你真的不知道。**

还有一种有些狡猾又有趣的应对方式，那就是一直装傻。"你觉得这是为什么？"→"嗯？"→"我说，你觉得这是为什么？"→"嗯？"一直装傻，能够暗中向对方传达"我对这个话题没兴趣"。

"智力问答爱好者"希望别人来配合他们。虽然他们也有可怜的一面，不过有时候为了自己的心情，我们只能一直装傻，直到对方放弃了。

**遇到"智力问答爱好者"，可以一直装傻。**

第 **6** 章

# 对方说话阴阳怪气

## 22 真没教养

**欠考虑的话**

啊呀呀!

你没好好学过怎么拿筷子吗?
这样会让别人觉得你没教养哦——

就因为筷子用得不好,就批评我的家庭……
你才没教养吧?

我想看看你这种人能教出什么样的小孩!!

你可以不爽,但别为一句话耿耿于怀

这句话也让人郁闷……

能看出你来自什么样的家庭。

真想看看你父母是什么样子。

你配不上我。

要这样想！

嗯？你是认真的吗？
你才没教养吧？

第 6 章 对方说话阴阳怪气

有好几个朋友找我咨询，说他们的父母不同意他们和女朋友结婚，因为不满意女方的家教。他们中有的不顾父母的反对坚持结婚了，也有的听从父母的意见分手了。

有人会批评别人拿筷子的方式和进门后整理鞋子的方式，说些"真想看看你父母是什么样子"之类的话，也有人在背后说成长于特殊家庭的人的闲话，比如"你看，那个人的家境……"。

光是听到有人评价别人的家庭、家境，就会让我们感到气愤，如果矛头指向自己，我们一定会受到更深的伤害。

"家境"这个词包含了各种各样的因素。门第高低、家族历史、出生地和环境、父母的职业和收入、就读学校的排名、受教育水平。任何一项都是其中的一部分，它们共同塑造了一个人现在的样子。

说这种话不仅会攻击站在面前的人，还会攻击他背后的家庭，是相当没素质的行为。电影和电视剧中经常有反派在威胁正面人物时说："你女儿还好吗？"攻击别人的家庭和这种行为一样恶劣。

而且事到如今，再提起过去的事情也无法挽回。明明不是我们的责任，对方却要对我们评头论足，说些"能看出你来自什么样的家庭""你配不上我"之类的话，与种族歧视无异。

与其批评我们的家境和教养，不如直截了当地提醒我们，比如"你拿筷子的方式真让我看不下去""鞋应该摆整齐,以后请注意",因为这是对我们行为的指责,是我们可以通过努力改善的地方(当然我们还是会失落)。

如果你受到了类似的侮辱,请不要垂头丧气,也不要退缩,而是要抬起头来告诉对方:"如果你有什么意见,请冲着我一个人来!"

仅仅因为拿筷子的方式不同,自己的过去和家庭就全盘被否定,我们不能屈服于这种暴力。一个人的尊严绝不应该因为自己的家境而受到折损。

**用家境评价别人的人其实很烂。**

## 23

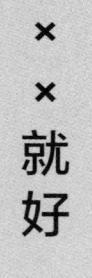

## ××就好

**欠考虑的话**

要先喝点什么呢?

大家都要喝啤酒吗?

啊!啤酒就好了。

我也是,啤酒就好。

啤酒就好。

我也啤酒就好。

我要啤酒。

这样就好。

我要啤酒。

嗯,啤酒就好。

就啤酒吧。

什么叫『就好』?

向啤酒道歉!说得好像喝啤酒很委屈你一样!!!

100  你可以不爽,但别为一句话耿耿于怀

这句话也让人郁闷……

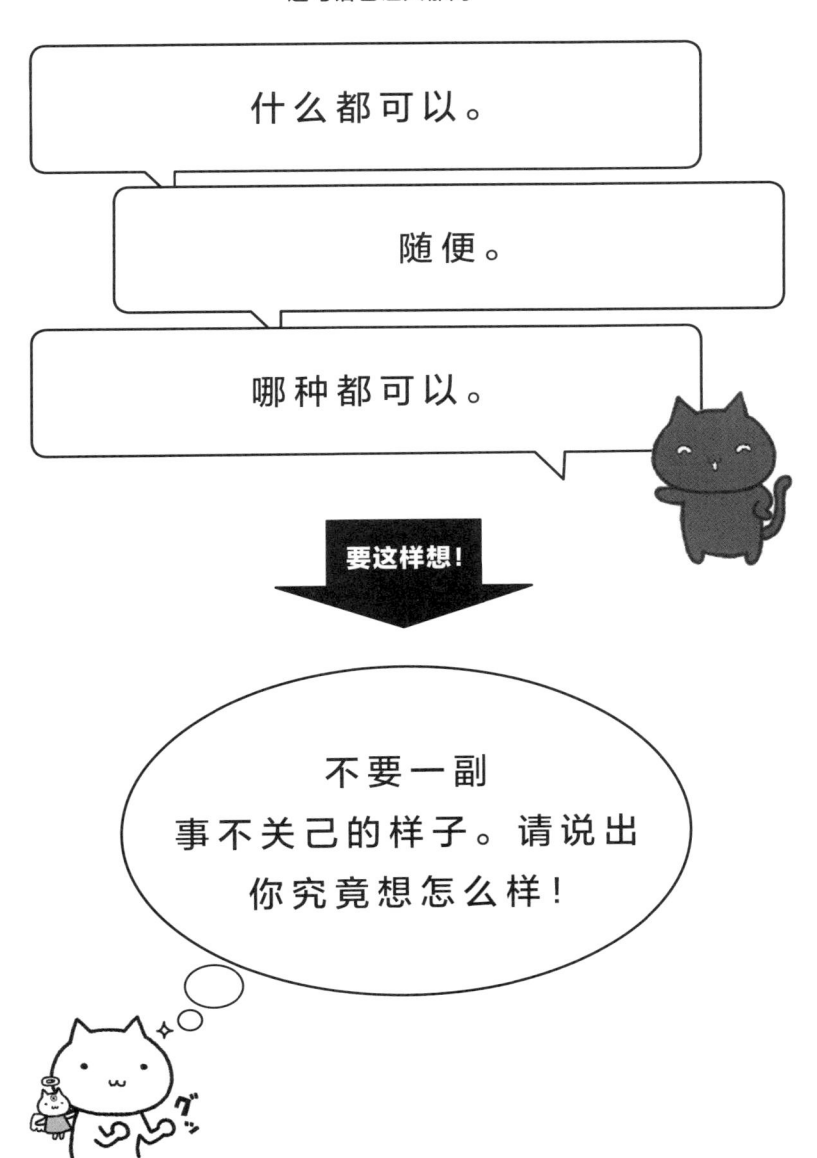

什么都可以。

随便。

哪种都可以。

**要这样想！**

不要一副事不关己的样子。请说出你究竟想怎么样！

第 6 章　对方说话阴阳怪气

"大家喝什么?""啊,啤酒就好。"

"今天晚上去那家店吗?""嗯,那家就好。"

你有没有觉得"就好"两个字让人感觉不太舒服?

这种不舒服的感觉到底是什么呢?像失望,又像焦躁,也像寂寞……只是一个词,竟然就能让人这么不爽。

首先,这是一个表示妥协的词,就像在对提出方案的人说"既然只有这个选择了,那就这样吧……",给人一种勉为其难的感觉。但你明明没有强迫对方接受你的提议,他完全可以说出他的想法,因此莫名其妙被戴上这种帽子让人心情十分郁闷。

其次,这句话中隐含的让步——"既然你想这样做,那我可以配合你一下",仿佛在告诉你他卖了你一个人情,所以会让你很介意。

最后,对方那种无所谓的态度也让人介意。不是"我想这样做"的积极态度,而是一副高冷、事不关己的态度。你很认真地发出邀请,提出建议,结果对方却仿佛在说:"随便啦,没有必要在这种小事上浪费太多精力。"简直让人难过、委屈和生气。

如果对方能把"××就好"换成表示同样意思的"我想喝啤酒!""就去那家店吧!"的话,我们该多开心啊。

夫妻之间经常因为"晚饭吃什么?""随便"而闹别扭也是一

样的道理。对妻子来说很重要的事情，丈夫却一副事不关己的态度，这种情绪错位自然会引发争吵。

当人们在自己认为重要的事情上受到轻视时会感到受伤。所以<u>如果你感到受伤，请果断说出你的想法</u>。如果面对的是你的另一半，可以告诉对方："这件事对我很重要，我希望你和我一起思考。"如果面对的是朋友和同事，可以追问："××，你想怎么做呢？"

让想要逃避责任的人认真参与对话吧！


**<u>面对想要逃避的人，确认对方想怎么做。</u>**

## 24 你化个妆会漂亮一些

欠考虑的话

有人这样跟我说。
你化个妆会漂亮一些。

不化妆也是你了不起的选择！

这种「我觉得你这样做比较好」的否定式话语，你完全不需要在意。

要尊重自己内心的选择。

这句话也让人郁闷……

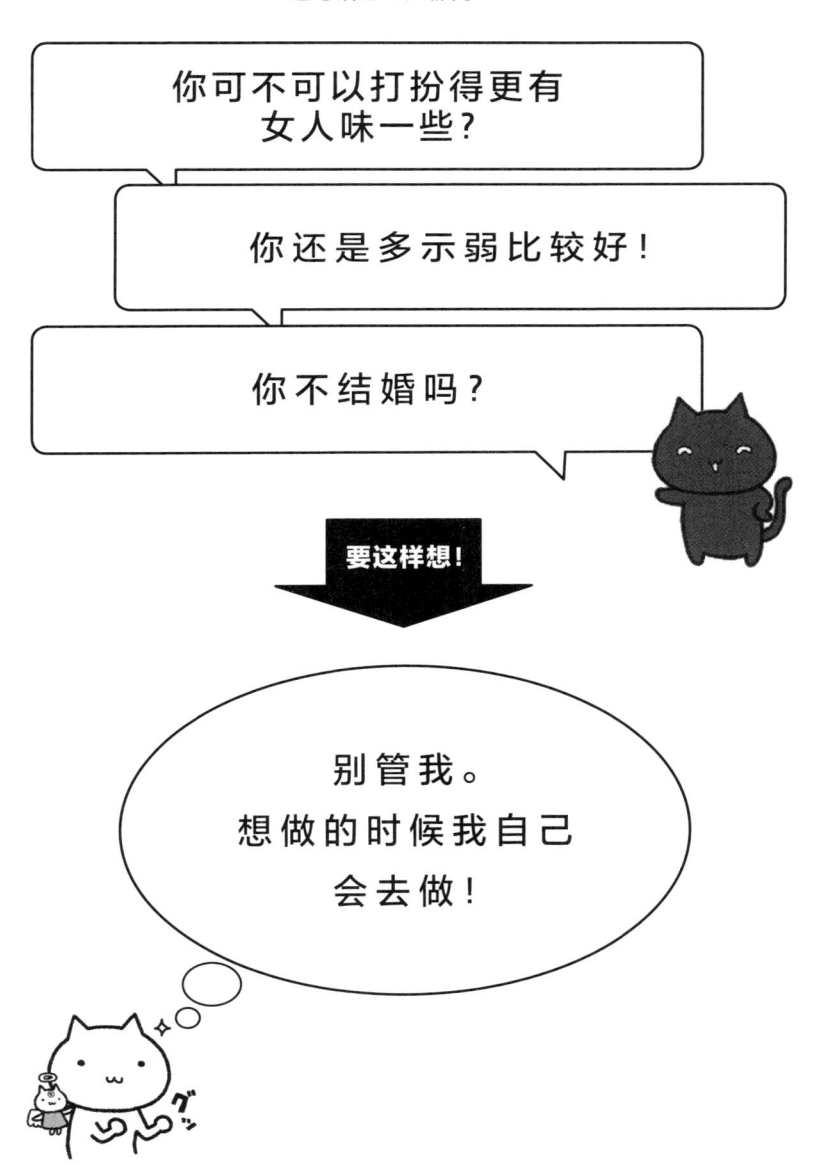

你可不可以打扮得更有女人味一些？

你还是多示弱比较好！

你不结婚吗？

**要这样想！**

别管我。
想做的时候我自己会去做！

第6章 对方说话阴阳怪气

假如某一天，同事对你说："你要是好好化个妆，会很漂亮的哦……"在那一瞬间，你脑海中会不会划过各种各样的念头？

首先划过你脑海的可能就是"别管我"吧。你心里可能会这样想：

**你没有资格说我。随随便便就评论别人的长相、外表这些敏感事物，你究竟是怎么想的？** 在如今这个时代，这样做的你已经落伍了。还有，你话里那种"我是为了你好"的感觉，真的太恶心了！

其次，你多少会有些失落吧：我现在这样不行吗？你可能还会因此感到伤心：他为什么要说那样的话呢？

甚至你的脑海中还会浮现出你想找的借口：今天只是碰巧没化妆而已，我平时都会化的，只是因为今天早上太匆忙来不及了。

想了一圈之后，你突然发现："你没有资格这样说我！"

对一名成年女性来说，妆容和服饰都是自我的展现。流行趋势、生活环境、年龄、发型、体型、生活方式和价值观，我考虑了这么多因素之后，好不容易找到适合自己的打扮，你怎么能随随便便地挑刺呢？

……这就是我们想说的话，它们会一下子浮现在脑海中。

"你化个妆会漂亮一些"这句话真正想要表达的是强加于人的

任性要求："我希望你化个妆。""我希望你为了我打扮得漂亮一些。"因为我们不想接受这些要求，所以往往会敷衍过去，笑着说一句："是吗，哈哈。"

可是，难道我们不能直接说一句"嗯，我不想化妆"吗？

**其实，我们想说的话有很多，其中最核心的就是：至少我不会为了你化妆，而是会在我想化的时候再化，别管我。**所以，大家可以带上这些情绪简单回对方一句"我不化妆啊""我不化妆的"。

如果对方继续追问"为什么不化""试一试怎么样"，你只需要笑着摇摇头，传达出拒绝的意思就好。

不需要找借口，也不需要不好意思，简单的"不"是效果最好的回答。

**面对强加于人的要求，简单说一句"不"就好。**

## 25 你连这种事情都不知道吗？

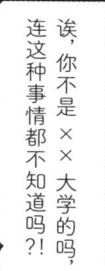

**欠考虑的话**

诶，你不是××大学的吗，连这种事情都不知道吗?!

呃……

没事的，这只是别人的刻板印象！你就把心里想的直接说出来吧！

没错！我是××大学的，但是这个我不知道。

不知道并不可耻

108　你可以不爽，但别为一句话耿耿于怀

这句话也让人郁闷……

连这种事情都不知道，
竟然能做到现在。

你这个年龄的人应该都知道的。

你是××，竟然不知道！

**要这样想！**

啊，对，我就是不知道啊。
你能告诉我吗？

第 6 章　对方说话阴阳怪气

"诶,你是做市场的,连这种事情都不知道吗?"

"你毕业于那么好的大学,竟然连这种事情都不知道?"

听到这种话,你会不知道该怎么回答吧。因为不知道该说什么好,只能低头道歉。

**对方做出一副吃惊的样子,说什么"诶!你不知道吗",还不如正大光明地直接批评你,比如"连这种事情都不知道哦,很丢人的"。** 如果你反击说对方的说话方式有问题,他们就会逃避,说自己只是单纯感到惊讶而已。真是太狡猾了。

如果对方在这句话前加上一句"你是××"就更让人恼火了,这相当于在否定你的学历和经历,与说你"家教不好"无异,都是无意义的偏见。如果你拼命找借口,说些"啊,我在学校里没好好学习"或者"我不能代表我们学校"之类的话,反而会让对方感到开心。因为在这种情况下,对方大多对自己的学历和经历有自卑感。

面对这种人,**最有效的方法就是"鹦鹉学舌"——不要深究对方话中的深意,听到什么,就回答什么。**

"你连这种事情都不知道吗?"→"对,我不知道。"(果断)。

这样一来,对方就没办法继续挖苦你了,只能把话憋在心里。

如果有人对你说"你毕业于那么好的大学……",你就回答

"没错，我是毕业于一所不错的大学"，这是一种高水平的"以其人之道，还治其人之身"，不过难度有些大（笑）。

不需要为自己不知道的事情感到羞耻，从现在开始了解就好。**不知道一件事情并不能否定你的学历和经历。**既然对方想让你自己否定自己，那就微笑着果断回他一句"对，我不知道。请你告诉我吧"。

**对于带着刻板印象的挖苦，最有效的回应是鹦鹉学舌。**

# 26 比起那种事情

欠考虑的话

我想跟你谈谈孩子升学的事情……

比起那种事情，我更想跟你说改换贷款的事情……

现在，对于黑猫来说，教育的地位不如房子，

第1位 房子
第2位 教育

但是教育也很重要啊！

也就是说，黑猫是在

这样才是对的

把自己的价值观强加于人。

不需要否定你认为重要的顺序。

没关系的，不用配合别人

这句话也让人郁闷……

有时间想那种事情，不如……

不要为无聊的事纠结……

事情有轻重缓急的吧？

**要这样想！**

这对我来说才不是"那种事情"。两件事都很重要吧。

第 6 章 对方说话阴阳怪气

你为了让刚调到公司的同事尽早熟悉环境，提议举办一场迎新会，结果领导严厉地说："还有心思想那种事情，合同谈得怎么样了？"

你想和丈夫讨论孩子的升学问题，结果他完全不在乎："比起那种事情，我更想跟你说改换贷款的事情……"

上述两种情况都会让你感到受伤。

**你想营造温馨的职场氛围，你为了孩子的未来着想，对方却把这些事情当成"那种事情"，真是太令人伤心了。**

在"××就好"一节中，我提到过，人们在自己看重的东西被轻视时会感到受伤。如果你因为受到打击而失落，觉得自己想的都是些无聊的事，请先停一停。

对你来说，"那种事情"很重要，你有你自己的想法和价值观，请一定要尊重自己的想法。

对方同样如此。**对领导来说，合同很重要；对丈夫来说，贷款很重要。仅此而已，这就是所谓"价值观差异"**（不过能说出"那种事情"这样的话，说明对方迟钝且欠考虑）。

我不建议大家与对方争论，说些"什么叫那种事情"或者"什么叫怎样都好"之类的话，因为这会让你们卷入没有意义的争吵，开始争论两件事情的重要程度。可是如果顺着对方的话说，你又会感到委屈。

**我推荐的方法是，成熟地将对方的想法也考虑在内，告诉他们"两件事都很重要"**。"确实要先考虑合同问题，然后咱们再讨论迎新会的事情吧。""贷款和升学都很重要。"

这样就可以尊重双方的价值观了。当然，如果难以说出口，大家也可以在心中默念这些话。

价值观没有优劣之分。你的意见和对方的意见都很重要。不需要对别人唯命是从，也不能将自己的意见强加于人，稍微讲究一点说话技巧就能维持和谐的氛围，何乐而不为呢？

**对方的价值观和你的价值观都要重视。**

第 **7** 章

# 对方
# 不注意语言暴力

## 27 叫你做就去做

**欠考虑的话**

这个复印件是哪场会议要用呢？

叫你做就去做！

啊？

是你应该要去查!

好，出现了！

真是个糟糕的领导。

自尊心盾牌

他就是个没有能力将事情说清楚的糟糕领导！不需要为自己的提问感到自责。

自尊心盾牌

这句话也让人郁闷……

想那么多干什么！

我很忙，别啰唆！

别废话，赶紧动手！

**要这样想！**

匆匆忙忙的真可怜……他是不是遇到什么烦心事了？

第 7 章 对方不注意语言暴力

领导让你复印10份文件,你问他:"是哪场会议要用?"(因为用在不同的会议上,复印方法会有所不同。)结果他冷冷地说了一句:"叫你做就去做!"

你提出建议:"这个系统换一种输入法效率更高哦。"结果遭到领导的训斥:"想那么多干什么!"

<u>这些话不仅断然拒绝了你想要做得更好、想要帮上忙的好意,还把你当成打下手的小卒,所以会伤害你的自尊心。</u>

你可能会不禁这样想:"原来是这样啊,原来我什么都不用想啊,原来我做的工作没有那么大的价值啊……"你的自我价值感会一路下滑,没有比不被承认存在更让人难受的事情了。

但是,请不要失落!<u>让我们用敏感的人的武器——想象力和同理心——来想象一下对方所处的状态吧</u>。这样一来,我们就可以让自己免受伤害了。

首先,<u>对方可能正处于手忙脚乱的状态。</u>

可以想象对方或许正因为项目太多导致的忙忙碌碌或被领导催促等原因,精神状态相当糟糕。然后你就会产生怜悯之情,心想:"他真可怜……"

其次,你可以想象一下,对方有可能单纯只是工作能力差。

工作能力强的人不会疏于沟通,在把工作交给别人时,能够清楚地指出目的所在和对方需要留意的地方；工作完成后，也不会忘记道谢。他们能够倾听下属的意见，并让下属知道他们愿意认真听自己说话。

如果对方做不到这些，无论业绩多好，多被领导器重，都不够优秀。请你这样想："因为那种无聊的人而受伤就太没意思了。"这样一来，你就能平复自己的心情了。

敏感的人特有的"深度理解"能力应该用在积极的方面。首先，要转变思维，理解对方的可怜之处，这样你就不会陷入因自我反省而导致的低落情绪中。在外面被奇怪的人纠缠时，也可以用同样的方式思考。请大家一定要记住这一点！

**用粗鲁的态度拜托别人做事的人是"可怜人"。**

## 28 那家伙能力不行

欠考虑的话

他是个优秀的人。
那家伙能力不行。
他能力真不行。

不知道为什么,我就是没办法融入这样的对话里……

就是,一副居高临下的样子随意评价别人,他们以为自己是谁啊。
真是的!

他们就是在乱说一通,好让自己开心,把自己代入上帝视角了!
气愤
上帝?!

122 你可以不爽,但别为一句话耿耿于怀

这句话也让人郁闷……

> 他很优秀啊！

> 那个人完全不行。

> 她脑子很笨！

**要这样想！**

> 真是自以为是！
> 太可怕了，快跑。

"那家伙相当优秀啊。"

"确实，和他相比，××完全不行，真的很没用。"

如果在职场上或者聚餐时听到这样的对话，你会有什么感觉？如果是我，会觉得浑身发冷。就算听到的是夸奖，我也会有一种血液都被冻住的感觉，很可怕。

如果他们说的不是你，而是你认识的人，你会不会觉得伤心和不安，觉得认识的人被单方面地下了定论很可怜？或者担心在你不知道的地方也有人这样评价你？

优秀、无能、能干、笨拙，这些都是用来评价人的词语。所谓评价，就是把自己的事情放在一边，对别人的事情大放厥词。站在上帝视角单方面分析别人，会给人一种自己高人一等的感觉，所以有的人非常喜欢随意评价别人，这会让他们很开心，结果太兴奋了，更刹不住车。

当然，领导和人事部门评价员工没有问题，因为这是他们的工作，但是他们绝对不会在别人面前说闲话。毫无顾忌地在众人面前大肆评价同事的人，既不道德又缺乏常识。

同样是闲谈，如果只是表达个人感受的话还好。

"他总是会在适当的时机支持我，帮了我很多。"

这种话不太会让人觉得不舒服，因为大家都明白这只是对方的个人意见，只是"（I）我"的想法。

可是，有些人评价别人的语气就像在说众所周知的事实。这样一来，别人就很难反驳，说"我不这样认为"，因为这样更加安全。在网上也经常能够看到这种狡猾的沟通方式。

如果你每天都听到类似的话，伤害自然会越积越深。如果你觉得这样的环境让你心寒，就马上离开吧，稍微休息一下，等伤害过去之后再回去。

千万不要加入他们的行列。这些话就像毒品，是通往黑暗世界的入口。

**远离爱在别人背后议论他人的人。**

# 29

## 你是××，至少应该……

欠考虑的话

---

这句话的意思就是，

你是××
至少应该……
比如，你这个当妈的，至少应该会做土豆沙拉吧。

这是将某个角色的刻板印象强加于你身上。

说话的人把某种属性套在你身上，

如果你不符合……
莫名的屈辱感

这时你要对他说：

啥?!
你的分类方式太简单粗暴了！

这句话也让人郁闷……

既然不工作，那至少做做家务吧。

你是女的，把桌子收拾干净些吧。

你是新人，要会察言观色。

**要这样想！**

这两者之间没关系吧？请让我按照自己的习惯做事！

第 7 章　对方不注意语言暴力

大家还记得有段时间引发热议的"土豆沙拉争论"吗？

一名女性和孩子一起在超市里买了现成的土豆沙拉，结果被一个陌生人教育说："你是当妈妈的，至少应该会做土豆沙拉吧。"

社交网络上有不少人对这个陌生人的行为提出批评："什么叫至少？土豆沙拉很难做的。"<u>其实这番发言中最让人心寒的是，认为母亲就要会做饭的刻板印象。</u>

你一定也有过被人用刻板印象评价的经历吧。比如"你是个女孩子，至少房间要收拾干净""你是新人，至少要给大家端茶倒水一段时间"……每次听到类似的话，你脑海中是不是都会有一个认为对方说得没错的自己和一个想要反抗的自己在天人交战呢？

刻板印象非常让人讨厌。像个男人，像个女人，像个孩子，像个成年人……或许这些角色都有相应的特点和倾向，但这并非绝对，每个人都是不同的，这一点无须多言。

<u>没错，不允许每个人拥有自己独特的个性，用一种简单粗暴的方式进行分类，正是刻板印象的本质。</u>人们有时会把刻板印象称为"偏见"，刻板印象也可以说是"同调压力"的变形。

我认识的一个人在和南美洲的朋友吃饭时，因为南美洲的朋友不能喝酒而感到惊讶，脱口而出道："嗯，你不是拉丁人吗？"

然后那位南美洲的朋友笑着反问他："那你认为所有非洲人节奏感都很好吗？"

同样地，在"女生就要会整理""新人就要负责端茶送水"两句话中，角色和行为之间也都完全没有关系。粗暴地把他人塞进一个框架中，只会忽视对方的个性。更糟糕的做法是，用既有的刻板印象强迫别人做这做那。

**如果有人将某种刻板印象强加于你，你就要马上认真反抗，说出内心认为正确的观点："不是所有××都会做××的。"** 就算你去整理，那也是因为你想要这么做，绝不是因为你是女生。

每次被别人将刻板印象套在身上时，如果不能在心中告诉自己"这两件事没有关系"，你就会渐渐失去真正的自己。

**刻板印象是没有根据的。要优先考虑自己的情绪！**

# 30 啧（啧嘴）

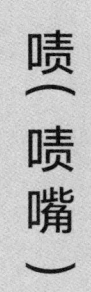

**欠考虑的话**

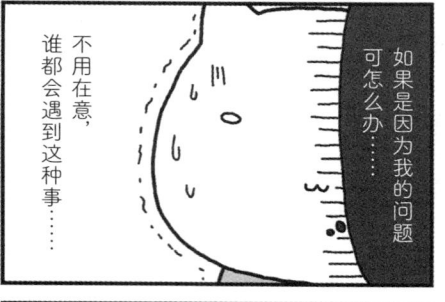

砰！

啧！

咦？他在生什么气？

有的人会把不开心挂在脸上。

如果是因为我的问题可怎么办……

不用在意，谁都会遇到这种事……

就把它当成是自然灾害吧，这不是任何人的错，悄悄避难去吧。

这句话也让人郁闷……

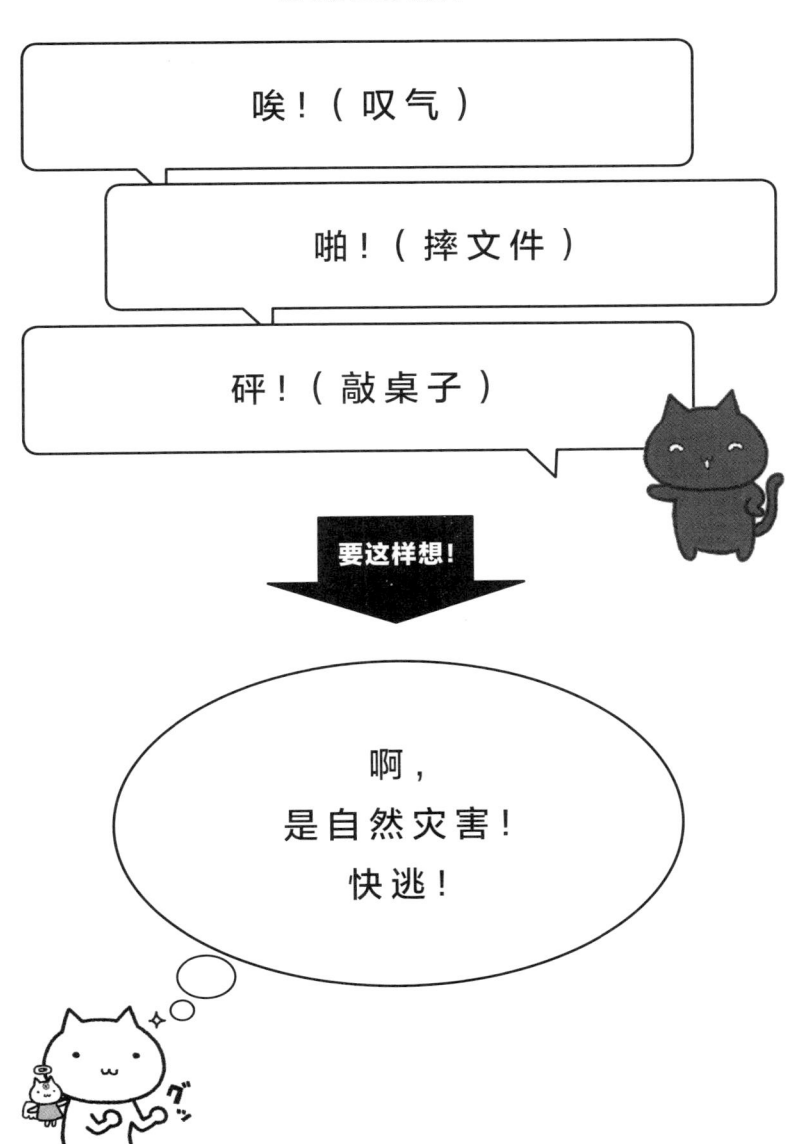

唉！（叹气）

啪！（摔文件）

砰！（敲桌子）

要这样想！

啊，
是自然灾害！
快逃！

第 7 章 对方不注意语言暴力 131

你走到领导身边,想跟他确认某个事情,结果他喷了喷嘴。

啊……

同事开完会后回到座位,把文件"啪"地一下摔在桌子上。

呃……

喷嘴、踢桌子、砸东西……有人会用声音和态度来表达自己的心情,这种方式有时候比语言更可怕。

**因为我们不知道他们为什么生气、因为谁而生气。由于声音能瞬间传遍整个空间,因此所有人的心情都会受到影响。**敏感的人甚至会害怕,担心是自己犯了什么错误。

这种人简直就是散播恐惧的恐怖分子。以前流行过一个词叫"情绪炸弹"(用负面情绪影响别人的人),其实这对被他人的负面情绪影响到的人来说就是一场无妄之灾。

为什么他们会这么做?大部分人是因为他们本来就无法控制自己的情绪;**但也有一些人之所以通过激烈的方式表达自己的不开心,是希望有人来关心自己,或者希望别人害怕自己。**

所以,你最好不要向这种人抱怨,说"请不要这样做""大家都会害怕"之类的话,因为这正中对方下怀(我想大家本来就会因为害怕而不敢说)。

遇到这样的人,你首先要做的就是把他们当成自然灾害。

暴雨、地震、台风……任何一种自然灾害都会让我们无条件地感到害怕。但是，这些灾害的发生绝对不是你的错。首先要这样保护自己的内心，就像下大雨时，大家不会感到失落，不会心想"怎么会发生这种事情""都是因为我的错"一样。

将这种事情当成自然灾害后，你需要立刻避难——离开现场，不要去看那个人做了什么，也不要去听他说了什么。只要做到这一点，你的心情就会完全不同。绝对不要出于对可怕事物的好奇而靠近他们，会很危险。

**把粗暴地发泄自己负面情绪的人当成自然灾害，迅速避难。**

## 31 没用

**欠考虑的话**

> 那家伙很有用!
> 那家伙真没用……
> 有人会说这种话。

> 「有用」「没用」原本是用来形容物品的词。

> 你是「人」,所以请不要逼自己去做「有用」的人。

> 因为你的优秀之处不在于有用。

134　你可以不爽,但别为一句话耿耿于怀

这句话也让人郁闷……

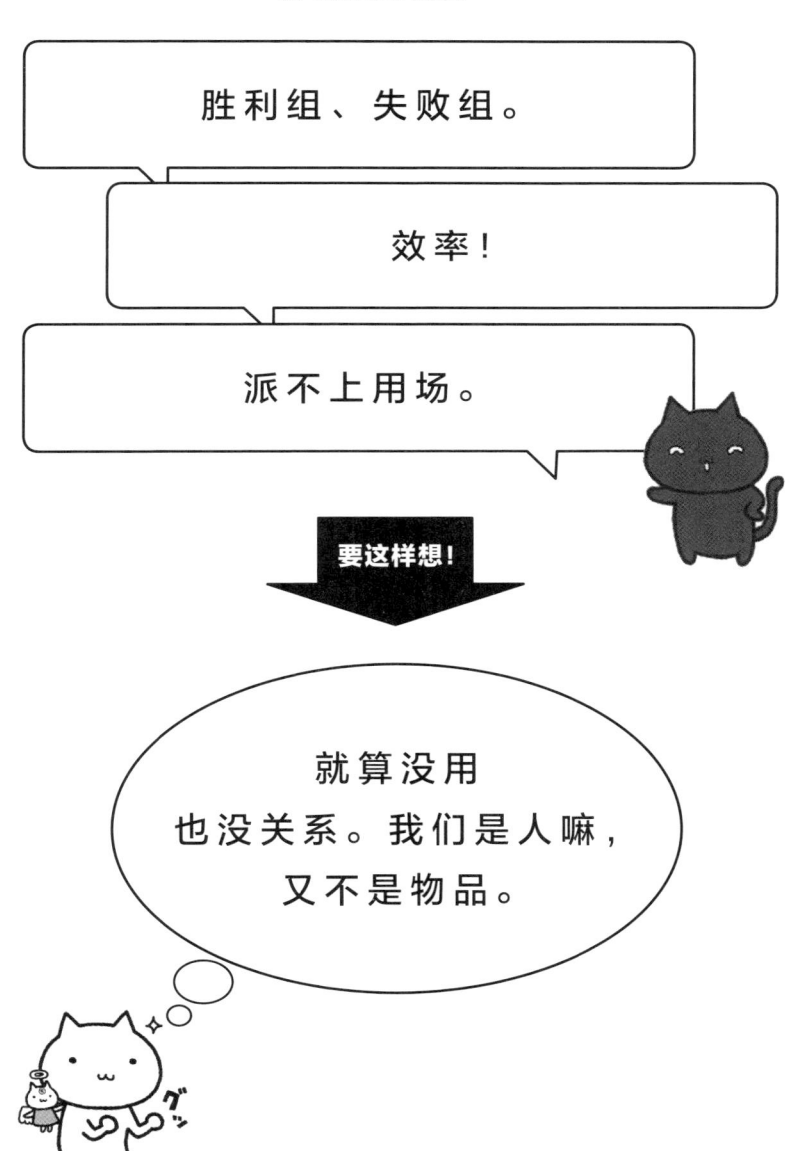

胜利组、失败组。

效率！

派不上用场。

**要这样想！**

就算没用
也没关系。我们是人嘛，
又不是物品。

"A那个家伙真是没用。"

"我懂，和他相反，B那个家伙还算有用。"

……这种话只是听着就让人觉得心里不舒服吧。如果这话说的是自己，我们就会感到受伤；如果听到其他人被这样评价，我们也会不高兴。

为什么这种话会让人感到这么不舒服呢？<u>这是因为在这种话中，人被当成了工具——说话的人只用"有没有发挥功能""对自己来说有没有用"来判断一个人，然后还要大声说出来，向周围的人炫耀自己是"使用他人"的人。</u>

如果政治家将人分为"效率高的人"和"效率低的人"，往往会引发争议，因为这相当于画了一条线，将人分为"有生产能力的人"和"没有生产能力的人"。

<u>把人当成工具，炫耀自己是负责管理他们的人，和评价别人"有用"或者"没用"一样，都是冰冷的思维方式。</u>

成为公司的员工后，我们常常会被人用"能带来利润"和"不能带来利润"的标准进行评判。有的人甚至会陷入"不能给公司做出贡献，就会失去存在价值"的错觉。如果是敏感的人，或许会因此逼自己成为有用的人，成为能派得上用场的人才（这里的"人才"同样有把人当成工具的意味）。

可是，这种思维方式只不过是世界上众多思维方式之一。

没错，不过是靠左走还是靠右走的区别。你总不会因为大部分人靠左走而你靠右走，就失去了作为人的价值吧？

没有必要成为"有用的人"，也没有必要成为"使用他人的人"。一个人的价值并不在于"有用"还是"没用"这种地方。

听到"有用""没用"的评价时，不要放在心上，当成不明所以的话就好，当成外星人在说话就好。

**人不是工具，不能用"有用"或"没用"来定义。**

## 32 最近××的身材走样了

欠考虑的话

> 最近××的身材走样了！

盯

……随便评价别人外表的人

盯

让你也体会体会「被人盯着」的感觉

盯——

没事。

嗯，怎么了呀？

138　你可以不爽，但别为一句话耿耿于怀

这句话也让人郁闷……

女人都是有保质期的。

这位大妈……

你没有女人味。

**要这样想！**

说出这种话的人
从各种意义来看都出局了。
不懂他们究竟是怎么想的。

第 7 章　对方不注意语言暴力

人的长相身材会随着年龄的增长而发生变化。有人在对比艺人过去和现在的照片时会说："最近××的身材走样了。"

大家对"走样"一词怎么看？是相当暴力的词汇吧？评价女性外貌的人在三重意义上应该被判出局，完全不值得袒护。

1. 不够体贴，对别人的外貌说三道四。
2. 高高在上地审视他人，傲慢、幼稚。
3. 仿佛在说一件东西旧了，无情且视野狭窄。

**女性只要活着，就始终暴露在男性的凝视中。男性倾向于将女性看成"性对象"，而不是一个完整的人。** 所以男性在街上会毫无顾忌地盯着女性看，毫不客气地用"走样""变成大妈"之类的话评价女性。

当你听到伴侣用"走样"来形容电视里的女演员，听到领导这样形容同事时，就会意识到"我们受到了凝视"。所以，**就算只是在一旁听着，也会觉得不舒服，并担心自己总有一天也会被别人这样形容。**

在这种情况下，就算你说些"你们男人身材走样更厉害""你说这种话，也不看看自己是什么样"来极力反驳也无济于事。你不需要把自己拉低到对方的水平，这些吐槽放在心里就好。

我更推荐大家紧紧盯着说出这些话的人看。这样一来，平时"不习惯被凝视"的人一定会惊慌失措，不知道是怎么回事。接下来，你只要淡淡地说一句"没事"，对方就会感到莫名其妙，这个话题自然会慢慢结束。

虽然对方无法完全理解女性被凝视时的感觉，但这种方式至少能够让对方浅浅感受一下被单方面凝视时的感觉。明白这一点，你的内心应该能够轻松一些。

**随便评价别人外貌的人，完全没有被袒护的余地。**

# 第 8 章

## 对方虽没恶意，但神经大条

# 33

## 不

欠考虑的话

……综上所述，我认为Ａ方案更好。

不。

啊，你反对？

Ａ方案确实更好，我赞成。

啊?!你明明说了「不」却赞成?!那你为什么要说『不』？

144　你可以不爽，但别为一句话耿耿于怀

这句话也让人郁闷……

正相反……

不过啊……

可是那个……

要这样想！

这是他的口头禅吧。就像"然后"之类的。

第 8 章 对方虽没恶意，但神经大条

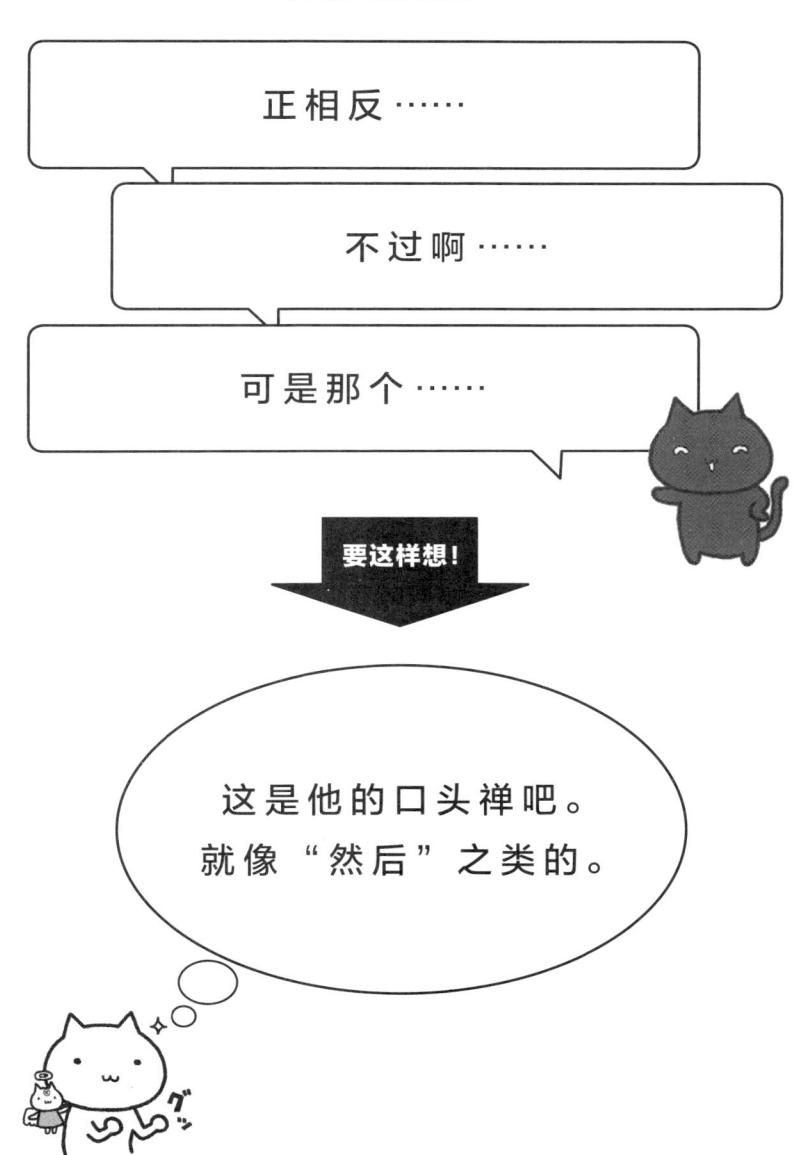

开会时，你的意见是"A方案更好"，然后前辈插了一句"不，不过……"。你准备好接受反对意见，结果前辈却说："A方案在××方面确实更好一些。"于是你松了一口气，心里想："什么嘛，真是的。"

"不""可是""正相反"，用这些表示否定、转折的词接话的人是不是很多？听到这些词的人会在一瞬间吓一跳，害怕自己遭到否定吧。

那么，为什么这些人要说的明明不是相反的内容，却故意用否定词开头呢？原因是，这样子更引人注目。

尤其是在开会等场合，很多人误以为，哪怕打断别人的意见，也要充分展示自己的意见，这是对工作负责的表现。

这样的人认为，用表否定的词开头比用表肯定的词开头更容易引起听话的人的注意。"嗯？""你要提出反对意见吗？"听话的人会像这样不由自主地集中注意力。而且，他们可能也觉得，用反驳的语气说话可以彰显他们是有主见的人。

哪怕最开始用表示否定、转折的词接话是他们有意为之，但在说的过程中也会渐渐变成无法摆脱的习惯。结果，无论接什么话，他们都要用"正相反""不过""可是"开头。这是喜欢辩论的人的可悲习惯。

只要明白了这一点，就算对方用"不"开头，你也可以放心，明白你没有遭到反驳，这不过是和"然后"一样的口头禅而已，不用在意。

另外，请注意，自己绝对不要养成这样的习惯！因为这种说话方式确实很方便，能够帮助你引起别人的注意，所以你也可能在不知不觉中养成习惯。

如果不小心在说话时以表示否定的词开了头，记得要及时纠正过来："啊，不是'正相反'，抱歉，我想说的是'顺带一提'。"大家一定会对用词严谨的人刮目相看的。

**"不"和"然后"一样，不用在意。请注意避免自己养成同样的习惯。**

## 34 会有人做这样的事吗？

**欠考虑的话**

洗碗太麻烦了，我有时会直接端着平底锅吃饭。

真的……会有人做这样的事吗？

很槽糕……

噗……会有人做这样的事吗……

我一下子就失去了做人的资格……太受伤了。

有的人会从「人」这个大范围出发，将自认为「人应该做的事情」强加于他人。

这种时候，不要在意，勇敢说出来！

啪啪

我就会做这样的事啊！

148　你可以不爽，但别为一句话耿耿于怀

这句话也让人郁闷……

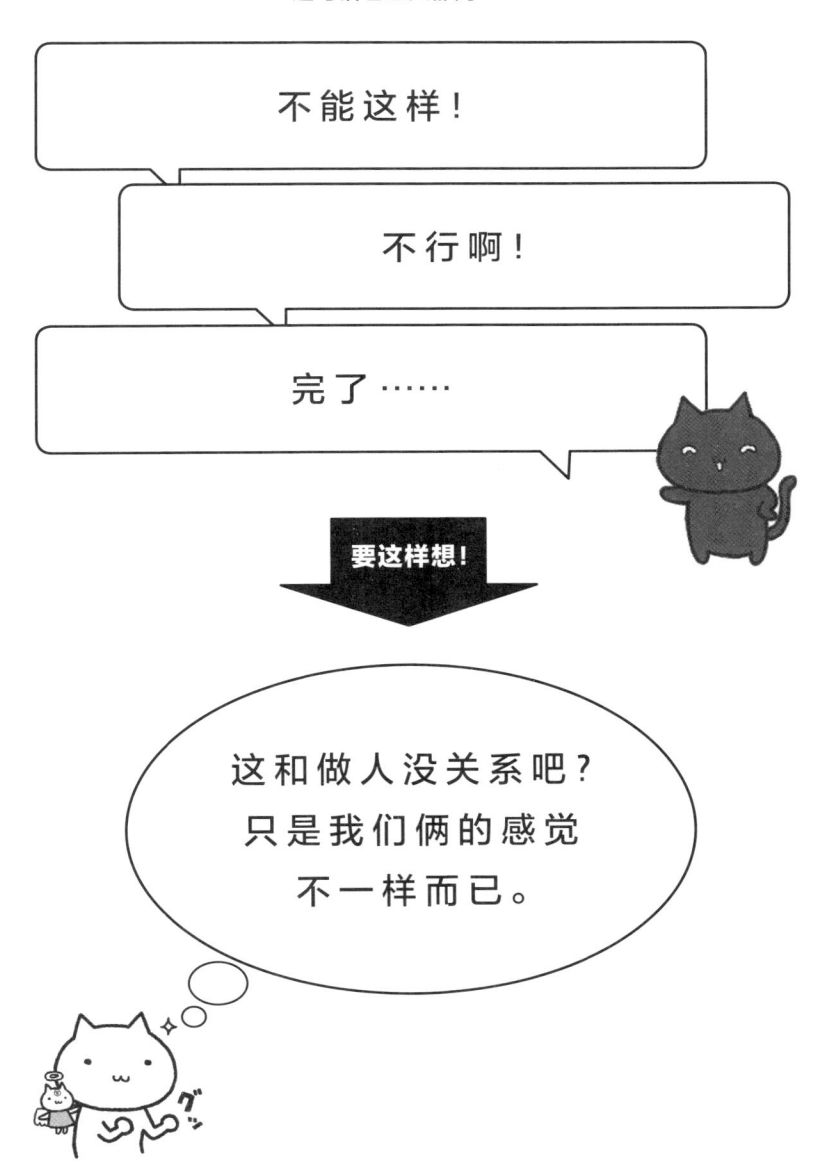

不能这样！

不行啊！

完了……

要这样想！

这和做人没关系吧？
只是我们俩的感觉
不一样而已。

第8章　对方虽没恶意，但神经大条　149

你说："洗碗太麻烦了，我有时候会直接端着平底锅吃饭。"结果对方吐槽："真的……会有人做这样的事情吗？"

**因为一点小事就被怀疑人品，被否定做人的资格，我们都会感到慌张吧。这种时候，我们会急急忙忙想要道歉，或者觉得自己说了奇怪的话想要收回。**

可是，大部分情况下，对方只是在吐槽，把一些小事情夸张化了而已。

听到这样的话确实会让人感到不爽。因为"会有人做这样的事吗"这句话背后隐藏着道德评判。

虽然"堂堂正正的生活方式"没有具体形式，但是非常重要。因为对方在攻击这一点，所以我们会下意识地反省。

但是细想一下，就会发现"会有人做这样的事吗"这句话与前文用和角色相关的刻板印象评价他人的性质是一样的，比如"明明是个女生"。正因为这句话多少带着点儿"你是××，至少应该……"那一节中提到的偏见，所以我们没办法一笑而过。

因此，如果对方总是把"会有人做这样的事吗"挂在嘴上，我们就应该考虑一下如何与对方相处了。

**具体来说就是不要屈服于刻板印象，要清楚地表达自己的意见："我就会做这样的事啊！"**

或者选择更方便的方式,先随声附和对方,然后飞快地跳过这个话题。明白了以后不能再和这个人说这样的话,知道了和这个人今后的相处方式,就尽快从对话中撤退。当然,这种时候也要在心里默念:"只是我们俩的感觉不一样而已,没有谁对谁错!"

**用"主观感觉,没有谁对谁错"来对抗将自己的感觉强加于人的人。**

# 35 我懂我懂

欠考虑的话

> 我没办法和妈妈好好说话，好伤心……
>
> 啊，我懂我懂！

> 小时候，我家被大火彻底烧毁了，现在我看到火和闪光还会吓一跳。
>
> 谁经历过这种事情后都会这样的。

> 白猫在下雨天很容易脏啊……
>
> 我懂你。

> 你明明不可能懂，却要说你懂，这种感觉让我好难受……
>
> 我懂。

152　你可以不爽，但别为一句话耿耿于怀

这句话也让人郁闷……

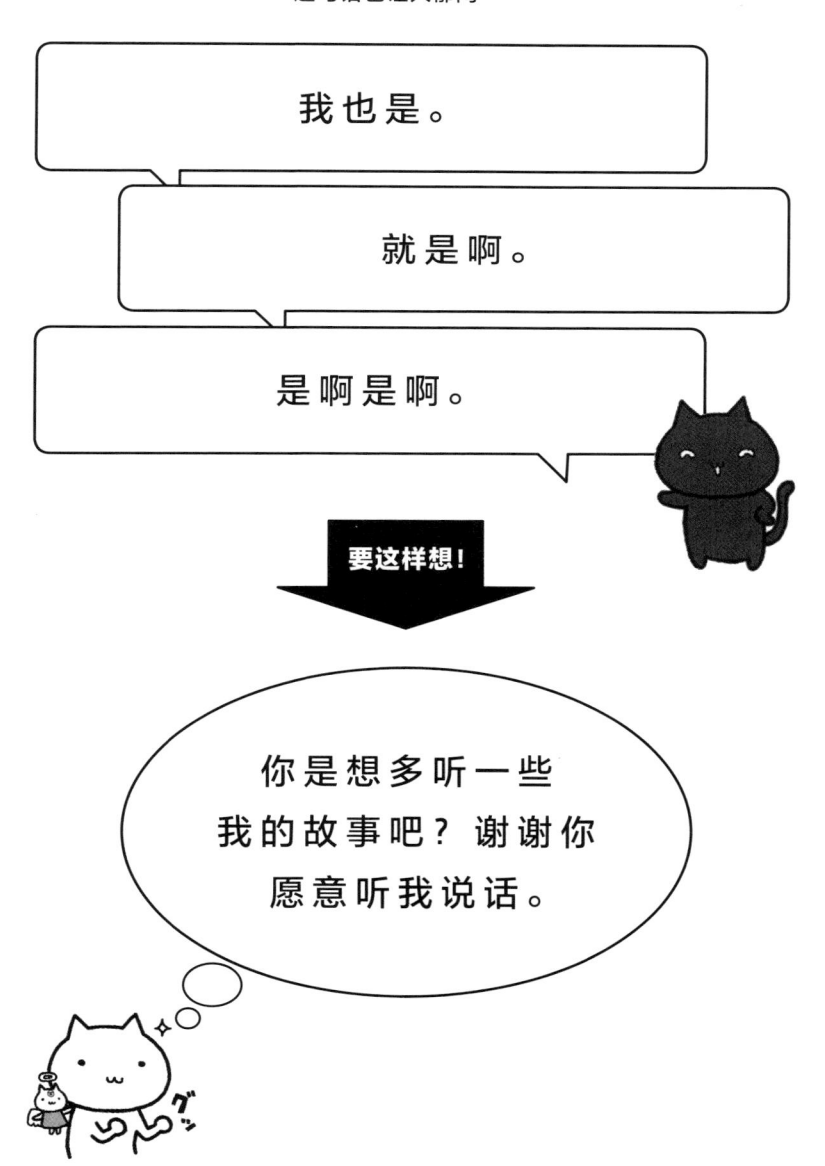

我也是。

就是啊。

是啊是啊。

**要这样想！**

你是想多听一些我的故事吧？谢谢你愿意听我说话。

第 8 章 对方虽没恶意，但神经大条

"我和妈妈说话的时候心脏总是跳得很快。""我懂我懂。"

"想到将来,我每天晚上都睡不着觉。""我懂我懂。"

"我已经很努力不去回忆了,可有时候还是会有些画面突然闯入我脑海中。""我懂我懂。"

和家人无法和谐相处,因失业生活困苦,陷入精神创伤中无法恢复……当你倾诉自己内心深处的烦恼时,对方却一个劲地说"我懂我懂"。

这真让人郁闷。为什么呢?

**对方明明在表示共鸣,可那些话总让人感觉有些敷衍,觉得自己的烦恼被轻视了**,甚至想追问对方一句:"你真的懂吗?"

对方为什么会做出那样的反应呢?理由很简单,是习惯,只是因为"我懂"是对方的口头禅。

倾听他人的基本原则有"三不",即不否定、不提问、不建议。如果倾听时说出"这只是你的错觉吧""你现在有多少存款""还是早点去看医生比较好"之类的话,对方就会立刻失去倾诉的欲望。

相反,倾听时应该做的是表示共鸣、给予肯定、给出回应,可以一边倾听一边回应,比如说些"很辛苦吧""是这样啊"之类的话。

平时越喜欢对别人的话表示共鸣的人，越容易养成习惯，把"我懂""我懂我懂"挂在嘴上。这话本身没什么问题，只不过是在表示"然后呢""我在认真听你说话"。

所以，不要因为这些话而感到难过，觉得自己受到了怠慢，请继续说下去吧，想一想"这总比被否定好""至少对方对我有兴趣"。

如果你实在介意，就直接问问对方吧："真的吗？你真的懂我吗？"询问时要注意避免使用责问的语气。这样一来，对方或许会坦率地说："抱歉，我没有类似的经历，其实并不明白，不过我想听你的故事，说说吧。"

**看似怠慢的附和只是口头禅，请睁一只眼闭一只眼吧。**

# 36

# 要不要再叫些朋友过来？

欠考虑的话

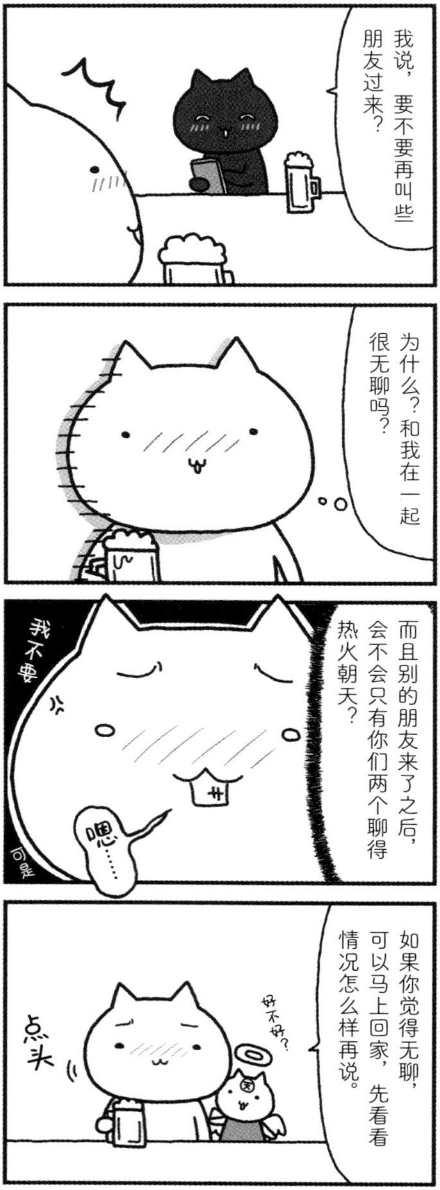

这句话也让人郁闷……

你认识××吗？

人多点更开心。

这次聚餐还有谁会来？

要这样想！

虽然有些寂寞，
不过没关系。如果我累了，
可以先回去。

第 8 章 对方虽没恶意，但神经大条

和好久不见的朋友一起愉快地喝酒时,对方开口道:"我说,要不要再叫些朋友过来?"

**听到这话,你会不会有一瞬间感到扫兴,进而感到伤心?"嗯,和我在一起很无聊吗?觉得浪费时间吗?""我今天本来想两个人好好聊一聊的。"** 还有一个为难的点在于,这个提议很难拒绝。如果能用"嗯,不认识的人叫来不太好吧"果断拒绝,那该多么轻松啊!

如果再来一个人,你还得一边不自在一边热情地招呼他,光想想就觉得压力很大。

那么对方为什么会突然提出再叫一个人来呢?是因为忽视你吗?还是因为不够体贴?

都不是,只是因为对方就是这样的人,没什么特别的理由。对方会理所当然地认为,既然想到了就叫其他朋友过来,人多一起聊天更开心。

"每个人的价值观不同,不该将自己的想法强加于人,应该彼此尊重",这一点在前文已经强调过很多次了。与人相处的方式、喜欢的喝酒方式,也会因人而异。

**你或许希望两个人单独喝酒,可是对方希望和很多人一起喝**(至少在那天是这样),**仅此而已。** 对方并没有对你有什么意见。

他就是这样的人，明白了这一点，你就能找到应对方式。因为直接拒绝会显得不近人情，所以就暂且接受他的提议吧。==如果新来的朋友让你感到愉快，那就留下来一起喝酒聊天；如果你觉得和新朋友相处起来很累，也可以直接说"我先回去"。==

你不需要担心"我先走会不会不太好""他们会不会以为我生气了"这些。喜欢找人一起随意喝一杯的人，并不在意其他人的来去。

如果强迫自己注意日常生活中的所有事情，你只会感到疲惫。至少让"和朋友一起喝酒"这件事变得随意一些，允许彼此的任性。

**对方可以叫其他人来，你也可以离开。**

## 37 你好认真啊

欠考虑的话

社会普遍认为的「聪明的女性」是会察言观色、聪明伶俐的人……

但当你的发言逻辑清晰时……产品和概念有差异。

你好认真啊。

……对方就会露出这样的表情。

我是认真啊,所以呢?有什么问题吗?

彻底无视他吧。

这句话也让人郁闷……

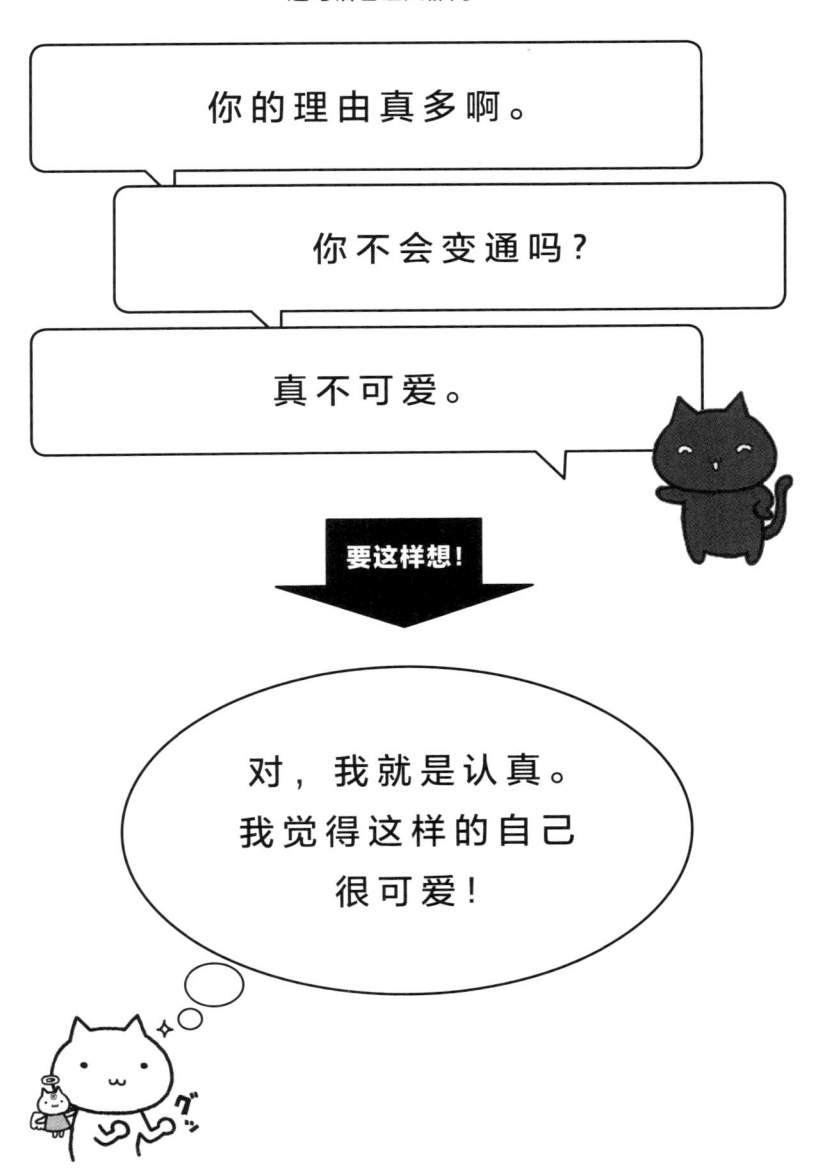

你的理由真多啊。

你不会变通吗？

真不可爱。

**要这样想！**

对，我就是认真。我觉得这样的自己很可爱！

第 8 章 对方虽没恶意，但神经大条

每天努力学习英语，结果被嘲笑："你好认真啊。"

拼命解释自己提出某个方案的理由，结果对方皱着眉头说："你的理由可真多啊。"

你拼命努力，得到的却是冷淡的回应——对方表现出一副"不需要做到这个地步……"的感觉——你会不会觉得无法接受？

女性常会听到"女人就该细心和体贴""女人就该温和大度"这样的要求。

**不顾一切地努力、据理力争的女性会被形容为"不可爱""不懂得变通"，往往会让人感到有压力。**

这个时代确实流行"从容才是酷""不使出全力的人更帅气"。当敏感的你感受到这一点时，恐怕会在夜里黯然神伤，问自己："我是不是落伍了？""拼命努力是不是已经不流行了？"

敏感的人本来就容易感受到身边人的细微情绪，也希望得到所有人的喜爱。一旦被人嘲笑"你可真认真"，他们就会在生气的同时反省自己："啊，我很糟糕吗？"

可是，正如我已经多次强调过的，价值观因人而异。

性格认真的人有人喜欢，也有人觉得麻烦。

不拘小节的人有人喜欢，也有人讨厌。

**说到底，没有人可以被所有人喜欢。**所以，我们首先要放弃"被所有人喜欢"的幻想；然后再来思考我们该如何是好，该在意什么人的目光。

答案是"自己"。

虽然是陈词滥调，但这就是现实。

**做一个自己喜欢的人，一个能让自己骄傲的人。**

如果你喜欢认真的自己，就不要屈服于奇怪的调侃，挺起胸膛告诉对方："对，我就是这么认真！"（哪怕只在心里说说也好。）

最后多说一句，我喜欢正直、认真、认死理这种笨拙的性格。

**无论什么样的性格，只要自己认可，那就是你的优点。**

# 第 9 章

## 对方说话虚情假意

# 38 你命真好啊

大家最近业余时间都喜欢干什么呢？

我最近爱上了在家附近打羽毛球！

唉，我一直窝在家看网飞的剧——

白猫命真好啊——有男朋友陪着一起打球。

我也是，就自己一个人，只能一直在家追剧。

要不下次办个网飞剧爱好者聚会？

好啊，就办单身网飞剧爱好者聚会吧。

遇到这种情况，你就暂时离开吧，等大家的境况改变后再见面。

欠考虑的话

166　你可以不爽，但别为一句话耿耿于怀

这句话也让人郁闷……

你和我们不一样。

你觉得这些事很无聊吧？

现充[1]！

要这样想！

你们不知道该怎么和我相处啊。那以后再一起玩吧。

---

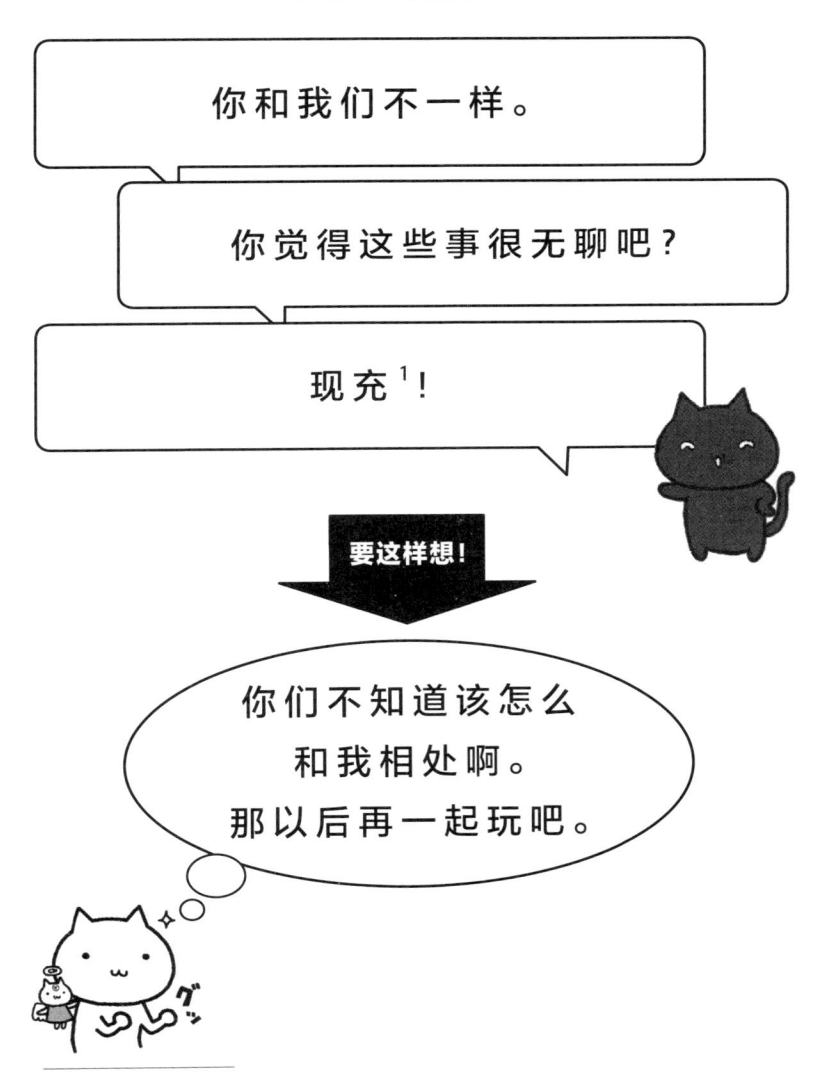

1　现充：日本年轻人的网络用语，指在现实世界中生活得充实的人们，常用于对表达别人能成双成对而自己只能孤身一人的羡慕嫉妒恨。比如看见网上有情侣秀恩爱，在下面回复"现充去死"。——编者注

"××有男朋友真好,你看,我们就不受欢迎。""……"

"××赚的钱多,经常来这种高级的地方吧?""……"

"××有孩子带,生活很充实吧。""……"

每次听到这种话,心里就会莫名觉得不舒服,甚至会燃起一把无名火,觉得必须说点儿什么。

但无论是说"没这回事"还是"算是吧",对方都会说得更起劲。就算开玩笑地说一句"还行吧",也很容易被当成炫耀。因为对方在你们之间划了一道清晰的线,宣称"你和我们不一样",所以你会感到孤独寂寞。

这种说话方式可以称为"奉承式排挤",看起来是在奉承你,其实是在排挤你。

在"我怕生"和"我这个人……"这两节中可以看到,我们不能用普通的方法来应对这种拐弯抹角的交流方式。

**对方为什么会说这样的话呢?因为他们不好把握和你之间的距离。以前一直是情况不相上下的伙伴,现在彼此的境遇不同了,他们不知道该如何与你相处,关心的话题好像也不一样了,而自尊心又不允许他们承认自己是在羡慕和嫉妒你**,所以会不自觉地说出一些酸话。

就算明白了对方的心态,你还是会不可避免地感到不爽。哪怕放低姿态求着对方带你一起玩，也总有一天你会承受不住的。

这时，你可以像前文有些章节中提到的那样，稍微与他们保持一定的距离。简单附和一句"没这回事"，然后在心里暂时与对方告别。

**不需要和他们老死不相往来，等到有一天双方的境遇重新发生变化时，再和他们好好相处就行。**这样做可能有些无情，不过对彼此都好。妈妈们之间、职场同事之间很难明确地保持距离，这种时候只要把对方当成无关紧要的人，维持一种表面上看还过得去的关系就好。

对方用奉承的方式排挤你，说明对方因你们之间的差距而不知所措了。这时候，是要继续保持关系，还是要拉开距离，由你决定。

**排挤是对方不知所措的证据。让我们默默保持距离吧。**

# 39

## 啊，不用了，我来就好

**欠考虑的话**

> 我来帮你吧。

> 啊，不用不用，白猫你坐着，我来就好！

> 我想帮忙……他是不是觉得我做不了啊……

> 一旦我真的坐下，

> 那家伙真的帮都不帮我就坐下了？

> 他会不会想……

> 好不安……怎么办

你可以不爽，但别为一句话耿耿于怀

这句话也让人郁闷……

你坐着就好。

这里交给我们吧。

我来就可以了。

要这样想!

那我就不客气啦!有需要的话叫我给你打下手。

第 9 章 对方说话虚情假意 171

烧烤时，你正准备切菜，结果长辈说："啊，不用了，你坐着，我来就好！"

你提出要帮忙做PPT，前辈说："啊，不用了，没关系，这里交给我们吧。"

虽然他们的语气都很温柔，可是却有几分无情的感觉。既会让人生出一丝被排挤的落寞，<u>又仿佛在宣称你能力不够，好像在说"别多管闲事""你派不上用场"，让人懊恼不甘。</u>

就算对方没有这些意思，这句话还是会让你坐立不安，你会不停地担心："我什么都不做真的没问题吗？""别人都在忙着做事，只有我一个人呆呆坐着，这样可以吗？""万一被别人说'啊呀，那家伙还真的坐下了'该怎么办？"然后，不安感越来越强烈。

对方说"啊，不用了，我来就好"有两种原因。

第一，就像你感觉到的那样，<u>对方觉得与其把这项工作交给不熟悉它的人，不如自己来做，这样更快。</u>换言之，就是觉得你能力不够。老实说，这种情况没办法解决。

第二，<u>不想让别人进入自己的领域或地盘。</u>"不要抢我的工作。""这是我的功劳。"在这种情况下，正确的做法是按照对方的要求，什么都不做。不是有句俗话说"回老家后任性地躺着不动,也是一种孝顺"吗?有时候,什么都不做,安心地依赖别人,也是一种贡献。当然,不要忘了说几句简单的客套话,比如"抱歉""谢谢"。

最麻烦的是对方说的只是客套话。在这种情况下,<u>为了表示"我不是什么都不做",你可以打打下手,做些自己能做的事情。</u>

比如,不让你切菜的话,可以去准备碗筷,或陪孩子们玩;不让你做PPT的话,可以去买饮料,或检查材料里的错别字。这样一来,对方不会挑你的刺,你也不用坐立难安。一举两得。

虽然有些悲哀,不过在我们还不够成熟时,找到自己能做的工作也是一种能力。

<u>想要帮忙却被拒绝时,老老实实把事情交给对方就好。</u>

# 40 你真可爱

欠考虑的话

啊,你真年轻,真可爱——

在职场上听到这样的评价,你会不会觉得不舒服?

可爱的女孩

呃……

我感觉到了一种压力,仿佛不得不一直维持可爱人设……

仿佛只有这样做了我才能安心……

可爱的

你就负责可爱吧!

174　你可以不爽,但别为一句话耿耿于怀

这句话也让人郁闷……

你好年轻——

职场一枝花。

我们的幸运之神。

**要这样想!**

被当成竞争对手了?
我要自信起来,加油!

"××好年轻啊。"

"××真的很可爱。"

"因为有××在,办公室都更明亮了。"

当领导和前辈一个劲地夸你年轻、有女人味时,你会不会觉得坐立难安?如果他们是真心夸赞还好,但大多数情况下并非如此。

<u>因为你是女性,所以不会给你安排重要的工作。因为你年轻,所以不能让你参加大项目。为了掩饰这一点,他们常常用"可爱""年轻""漂亮"来奉承女性。</u>

这简直就像把女性关在了一个"可爱牢笼"里。

说句题外话,在韩国,男朋友宠爱女朋友的恋爱文化很盛行,其根源就在于"女性只要负责在旁边可爱和微笑就好,麻烦和重要的事情就由男人来处理"的大男子主义思想。职场上对女性的这种外貌方面的夸奖也有类似的感觉。

回到正题,这种"可爱牢笼"和"你命真好啊"一样,无论去肯定它还是否定它都很难,你只能苦笑着说"没这回事",然后渐渐被逼到角落里。

钝感的人还好,如果你是认真又敏感的人,就会立刻明白对方的潜台词,意识到"原来他们没有把我当成伙伴啊……""其实是我的工作能力还不够强吧……",从而感到失落。

可是,能不能这样想呢?

**对方拼命把你关起来,其实是因为把你当成了他在工作上的竞争对手,担心你踏入他的地盘。**如果能理解到这层含义,你是不是能自信一点,意识到自己被盯上了?

稍稍找回一些自尊后,可以接着说:"啊,正因为我还年轻,请让我多多积累经验""谢谢,刚才说的项目……"如果是朋友,还可以与对方保持一定的距离,工作就另当别论了。只要你想好好努力,就不要输给对方的"排挤计划"。

**对方想把你困在"可爱牢笼"里,说明对方将你当成了竞争对手。让"可爱牢笼"成为你自信的源泉吧!**

结语

# "I（我）"才是一切

感谢大家读到这里，最后我想说说自己的故事。

我最不擅长应对的就是别人对我说"这样做比较好"，甚至到现在我还经常因此和妻子吵架。

我为什么会觉得这句话不好应对？

我为什么会这么介意这种说法？

在写这本书的过程中，我一直在思考其中的原因。

是因为这句话蕴含的将自己的想法强加于人的压迫感？

还是因为这句话的语气中有一种高高在上的意味？

确实有这两方面的原因，但我又觉得不尽然。为什么呢？我冥思苦想，后来，终于恍然大悟。

是因为这句话里没有"I（我）"。

如果对方说的是"我觉得这样做比较好""我希望你这样做",我完全不会介意。

这样的建议会带给我新的视角,让我能够接受,甚至心怀感激,感谢对方给我提出建议。

原因在于这是"个人意见"。

**对方是在向我传递信息,是在关心我,**我能感觉到真实的温暖,所以心情舒畅。

而"这样做比较好"这句话中没有"I(我)"。

我体会不到说话人的关心,他们好像只是对一件与己无关的事情淡淡地说了句"这种方法好",所以会让我觉得被敷衍了,从而感到不爽。

**个人意见的提出不是为了单方面强调自己的想法,而是为了尊重双方的差异。**

说话的人传达的意思是"我认为这样比较好"。

听话的人接收的意思是"原来如此,我是这样认为的"。

这种方式才能**开启互相尊重的交流。**

从这个角度出发,是不是可以说"I"与"爱"相通呢?

**敏感的人请多关注自己心中的"I",确立"我就是我"的价值观,不要被别人一句欠考虑的话影响。**

钝感的人请尊重对方的"I",不要用"大家都是这样"之类的话将自己的观点强加于人,要让对方说出自己的想法。

我是我。

你是你。

我认为A好。

你认为B好。

独立的人会认真摆出自己的"I",与对方的"I"沟通交流,这正是当今社会欠缺的交流方式。

"同调压力""居高临下的态度""高人一等的姿态""网暴""自制力警察""正义成瘾",这些令人窒息的风潮正弥漫在整个社会,而社交软件的流行和新冠疫情只会加速这股风潮。

我认为"I"和"爱"能一扫这些隐形的郁闷。

你是怎么认为的呢?

我衷心希望敏感的你每天都能被很多很多的"I(爱)"包围。

**五百田达成**

**2021年7月**

图书在版编目（CIP）数据

你可以不爽，但别为一句话耿耿于怀 / （日）五百田达成著；佟凡译. -- 北京：九州出版社，2023.12
　　ISBN 978-7-5225-2300-2

Ⅰ. ①你… Ⅱ. ①五… ②佟… Ⅲ. ①心理学—通俗读物 Ⅳ. ①B84-49

中国国家版本馆CIP数据核字(2023)第196146号

SENSAINAHITO DONKANNAHITO
Copyright ⓒ2021 by Tatsunari lOTA
All rights reserved.
Illustrations by Ryanyo
First original Japanese edition published by PHP Institute, Inc., Japan
Simplified Chinese translation rights arranged with PHP Institute, Inc.
through Bardon Chinese Creative Agency Limited

著作权合同登记号：图字：01-2023-4671

你可以不爽，但别为一句话耿耿于怀

| | |
|---|---|
| 作　　者 | ［日］五百田达成　著　佟凡　译 |
| 责任编辑 | 周　春 |
| 出版发行 | 九州出版社 |
| 地　　址 | 北京市西城区阜外大街甲35号（100037） |
| 发行电话 | （010）68992190/3/5/6 |
| 网　　址 | www.jiuzhoupress.com |
| 印　　刷 | 嘉业印刷（天津）有限公司 |
| 开　　本 | 889毫米×1194毫米　32开 |
| 印　　张 | 6.25 |
| 字　　数 | 94千字 |
| 版　　次 | 2023年12月第1版 |
| 印　　次 | 2024年8月第1次印刷 |
| 书　　号 | 978-7-5225-2300-2 |
| 定　　价 | 42.00元 |

★　版权所有　侵权必究　★